아이스크림
더 연산

분수ㅏ

왜, 『더 연산』일까요?

수학은 기초가 중요한 학문입니다.

기초가 튼튼하지 않으면 학년이 올라갈수록 수학을 마주하기 어려워지고, 그로 인해 수포자도 생기게 됩니다.
이러한 이유는 수학은 계통성이 강한 학문이기 때문입니다.
수학의 기초가 부족하면 후속 학습에 영향을 주게 되므로 기초는 무엇보다 중요합니다.
또한 기초가 튼튼하면 문제를 해결하는 힘이 생기고 학습에 자신감이 붙게 되므로 기초를 단단히 해야 합니다.

수학의 기초는 연산부터 시작합니다.

『더 연산』은 초등학교 1학년부터 6학년까지의 전체 연산을 모두 모아 덧셈, 뺄셈, 곱셈, 나눗셈을 각 1권으로,
분수, 소수를 각 2권으로 구성하여 계통성을 살려 집중적으로 학습하는 교재입니다(*아래 표 참고).
연산을 집중적으로 학습하여 부족한 부분은 보완하고, 학습의 흐름을 이해할 수 있게 하였습니다.

	1-1	1-2	2-1	2-2	분수 A	
					3-1	**3-2**
	9까지의 수	100까지의 수	세 자리 수	네 자리 수	덧셈과 뺄셈	곱셈
	여러 가지 모양	덧셈과 뺄셈	여러 가지 도형	곱셈구구	평면도형	나눗셈
	덧셈과 뺄셈	여러 가지 모양	덧셈과 뺄셈	길이 재기	나눗셈	원
	비교하기	덧셈과 뺄셈	길이 재기	시각과 시간	곱셈	분수
	50까지의 수	시계 보기와 규칙 찾기	분류하기	표와 그래프	길이와 시간	들이와 무게
	–	덧셈과 뺄셈	곱셈	규칙 찾기	분수와 소수	자료의 정리

분수를 처음 배우는 시기이므로 분수가 무엇인지부터 확실히 이해하도록 반복해서 학습해야 해요.

분수 개념을 이해하고 나면 분수의 덧셈, 뺄셈, 더 나아가 곱셈, 나눗셈도 도전해 보세요.

『더 연산』은 아래와 같은 상황에 더 필요하고 유용한 교재입니다.

✱ 이전 학년 또는 이전 학기에 배운 내용을 다시 학습해야 할 필요가 있을 때,

✱ 학기와 학기 사이에 배우지 않는 시기가 생길 때,

✱ 현재 학습 내용을 이전 학습, 이후 학습과 연결하여 학습 내용에 대한 이해를 더 견고하게 하고 싶을 때,

✱ 이후에 배울 내용을 미리 공부하고 싶을 때,

『더 연산』이 적합합니다.

『더 연산』은 부담스럽지 않고 꾸준히 학습할 수 있게 하루에 한 주제 분량으로 구성하였습니다.

한 주제는 간단히 개념을 확인한 후 4쪽 분량으로 연습하도록 구성하여 지치지 않게 꾸준히 학습하는 습관을 기를 수 있도록 하였습니다.

4-1	4-2
큰 수	분수의 덧셈과 뺄셈
각도	삼각형
곱셈과 나눗셈	소수의 덧셈과 뺄셈
평면도형의 이동	사각형
막대그래프	꺾은선그래프
규칙 찾기	다각형

분수 B　　　　　　　　　　　　　　✱ 학기 구성의 예

5-1	5-2	6-1	6-2
자연수의 혼합 계산	수의 범위와 어림하기	분수의 나눗셈	분수의 나눗셈
약수와 배수	분수의 곱셈	각기둥과 각뿔	소수의 나눗셈
규칙과 대응	합동과 대칭	소수의 나눗셈	공간과 입체
약분과 통분	소수의 곱셈	비와 비율	비례식과 비례배분
분수의 덧셈과 뺄셈	직육면체	여러 가지 그래프	원의 넓이
다각형의 둘레와 넓이	평균과 가능성	직육면체의 겉넓이와 부피	원기둥, 원뿔, 구

3학년 때 배운 분수에 대한 이해를 단단하게 하기 위해 이전에 배운 내용을 복습하고
분수의 덧셈, 뺄셈을 학습해요. 덧셈, 뺄셈을 학습하고 나면 곱셈, 나눗셈도 도전해 보세요.

구성과 특징

출발!

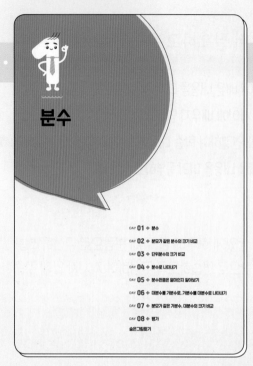

분수

1 공부할 내용을 미리 확인해요.

2 주제별 문제를 해결해요.

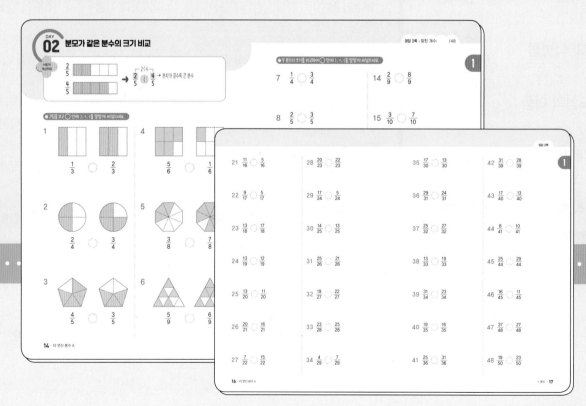

도착!

4

그림을 찾으며
잠시 쉬어 가요.

숨은그림 찾기 ☆

🔍 숨은 그림 8개를 찾아보세요.

3

단원을 마무리해요.

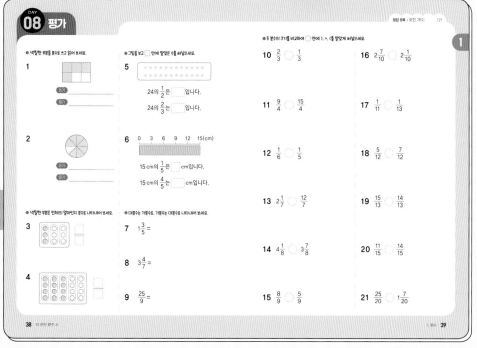

DAY 08 평가

● 색칠한 부분을 분수로 쓰고 읽어 보세요.

1
쓰기 ___
읽기 ___

2
쓰기 ___
읽기 ___

● 색칠한 부분은 전체의 얼마인지 분수로 나타내어 보세요.

3

4

● 그림을 보고 □ 안에 알맞은 수를 써넣으세요.

5
24의 $\frac{1}{2}$은 □입니다.
24의 $\frac{2}{3}$는 □입니다.

6
0 3 6 9 12 15(cm)

15 cm의 $\frac{1}{5}$은 □cm입니다.
15 cm의 $\frac{4}{5}$는 □cm입니다.

● 대분수는 가분수로, 가분수는 대분수로 나타내어 보세요.

7 $1\frac{3}{5}=$

8 $3\frac{4}{7}=$

9 $\frac{25}{9}=$

● 두 분수의 크기를 비교하여 ○ 안에 >, =, <를 알맞게 써넣으세요.

10 $\frac{2}{3}$ ○ $\frac{1}{3}$

11 $\frac{9}{4}$ ○ $\frac{15}{4}$

12 $\frac{1}{6}$ ○ $\frac{1}{5}$

13 $2\frac{1}{7}$ ○ $\frac{12}{7}$

14 $4\frac{1}{8}$ ○ $3\frac{7}{8}$

15 $\frac{8}{9}$ ○ $\frac{5}{9}$

16 $2\frac{7}{10}$ ○ $2\frac{1}{10}$

17 $\frac{1}{11}$ ○ $\frac{1}{13}$

18 $\frac{5}{12}$ ○ $\frac{7}{12}$

19 $\frac{15}{13}$ ○ $\frac{14}{13}$

20 $\frac{11}{15}$ ○ $\frac{14}{15}$

21 $\frac{25}{20}$ ○ $1\frac{7}{20}$

차례

3

분모가 같은
분수의 뺄셈

공부 습관, 하루를 쌓아요!

○ 공부한 내용에 맞게 공부한 날짜를 적고, 만족한 정도만큼 ✓표 해요.

공부한 내용	공부한 날짜	✓확인 ☺ ☺ ☹
DAY **01** 분수	월 일	☐ ☐ ☐
DAY **02** 분모가 같은 분수의 크기 비교	월 일	☐ ☐ ☐
DAY **03** 단위분수의 크기 비교	월 일	☐ ☐ ☐
DAY **04** 분수로 나타내기	월 일	☐ ☐ ☐
DAY **05** 분수만큼은 얼마인지 알아보기	월 일	☐ ☐ ☐
DAY **06** 대분수를 가분수로, 가분수를 대분수로 나타내기	월 일	☐ ☐ ☐
DAY **07** 분모가 같은 가분수, 대분수의 크기 비교	월 일	☐ ☐ ☐
DAY **08** 평가	월 일	☐ ☐ ☐
DAY **09** (진분수)+(진분수): 합이 1보다 작은 경우	월 일	☐ ☐ ☐
DAY **10** (진분수)+(진분수): 합이 1보다 큰 경우	월 일	☐ ☐ ☐
DAY **11** (대분수)+(대분수): 진분수의 합이 1보다 작은 경우	월 일	☐ ☐ ☐
DAY **12** (대분수)+(대분수): 진분수의 합이 1보다 큰 경우	월 일	☐ ☐ ☐
DAY **13** (대분수)+(진분수), (진분수)+(대분수)	월 일	☐ ☐ ☐
DAY **14** (대분수)+(가분수), (가분수)+(대분수)	월 일	☐ ☐ ☐
DAY **15** 평가	월 일	☐ ☐ ☐
DAY **16** (진분수)−(진분수)	월 일	☐ ☐ ☐
DAY **17** (대분수)−(대분수): 진분수끼리 뺄 수 있는 경우	월 일	☐ ☐ ☐
DAY **18** 1−(진분수)	월 일	☐ ☐ ☐
DAY **19** (자연수)−(진분수)	월 일	☐ ☐ ☐
DAY **20** (자연수)−(대분수)	월 일	☐ ☐ ☐
DAY **21** (자연수)−(가분수)	월 일	☐ ☐ ☐
DAY **22** (대분수)−(진분수)	월 일	☐ ☐ ☐
DAY **23** (대분수)−(대분수): 진분수끼리 뺄 수 없는 경우	월 일	☐ ☐ ☐
DAY **24** (대분수)−(가분수)	월 일	☐ ☐ ☐
DAY **25** 평가	월 일	☐ ☐ ☐

분수

DAY 01 분수

이렇게 계산해요

부분 [ ] 은 전체 [ ] 를 똑같이 3으로

나눈 것 중의 2

쓰기 $\dfrac{2}{3}$ → 분자 → 분모 ↳ 분수

읽기 3분의 2

● □ 안에 알맞은 수를 써넣으세요.

1

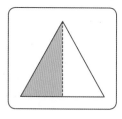

부분 [ ] 은 전체 [ ] 를 똑같이 □ (으)로

나눈 것 중의 □ 이므로 $\dfrac{\square}{\square}$ 입니다.

2

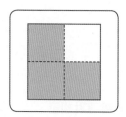

부분 [ ] 은 전체 [ ] 를 똑같이 □ (으)로

나눈 것 중의 □ 이므로 $\dfrac{\square}{\square}$ 입니다.

3

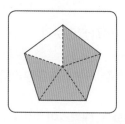

부분 [ ] 은 전체 를 똑같이 □ (으)로

나눈 것 중의 □ 이므로 $\dfrac{\square}{\square}$ 입니다.

1

● 색칠한 부분을 분수로 쓰고 읽어 보세요.

4

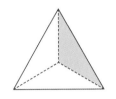

쓰기 _____

읽기 _____

8

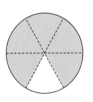

쓰기 _____

읽기 _____

5

쓰기 _____

읽기 _____

9

쓰기 _____

읽기 _____

6

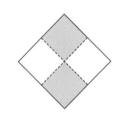

쓰기 _____

읽기 _____

10

쓰기 _____

읽기 _____

7

쓰기 _____

읽기 _____

11

쓰기 _____

읽기 _____

12

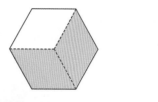

쓰기 _____

읽기 _____

13

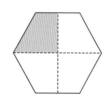

쓰기 _____

읽기 _____

14

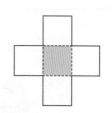

쓰기 _____

읽기 _____

15

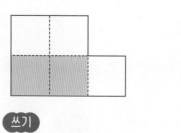

쓰기 _____

읽기 _____

16

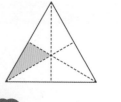

쓰기 _____

읽기 _____

17

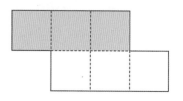

쓰기 _____

읽기 _____

18

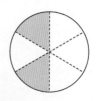

쓰기 _____

읽기 _____

19

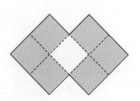

쓰기 _____

읽기 _____

1

20

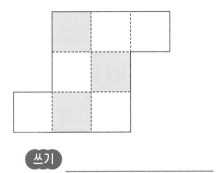

쓰기 _____

읽기 _____

21

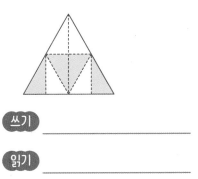

쓰기 _____

읽기 _____

22

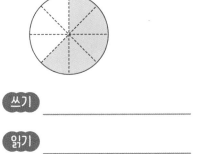

쓰기 _____

읽기 _____

23

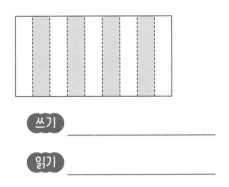

쓰기 _____

읽기 _____

24

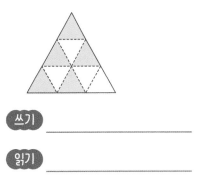

쓰기 _____

읽기 _____

25

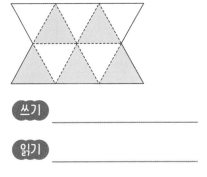

쓰기 _____

읽기 _____

26

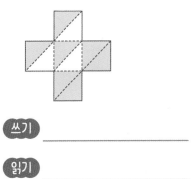

쓰기 _____

읽기 _____

27

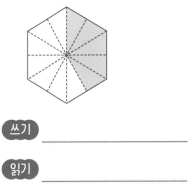

쓰기 _____

읽기 _____

이렇게
계산해요

$\dfrac{2}{5}$ → $\dfrac{2}{5}$ ⃝< $\dfrac{4}{5}$ → 분자가 클수록 큰 분수

2<4

$\dfrac{4}{5}$

● 그림을 보고 ◯ 안에 >, =, <를 알맞게 써넣으세요.

1

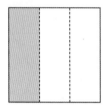 

$\dfrac{1}{3}$ ◯ $\dfrac{2}{3}$

4

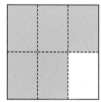 

$\dfrac{5}{6}$ ◯ $\dfrac{1}{6}$

2

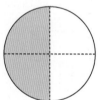

$\dfrac{2}{4}$ ◯ $\dfrac{3}{4}$

5

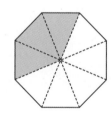 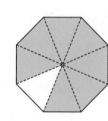

$\dfrac{3}{8}$ ◯ $\dfrac{7}{8}$

3

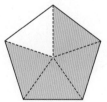

$\dfrac{4}{5}$ ◯ $\dfrac{3}{5}$

6

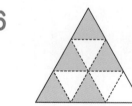 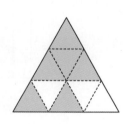

$\dfrac{5}{9}$ ◯ $\dfrac{6}{9}$

○ 두 분수의 크기를 비교하여 ◯ 안에 >, =, <를 알맞게 써넣으세요.

7 $\dfrac{1}{4}$ ◯ $\dfrac{3}{4}$

8 $\dfrac{2}{5}$ ◯ $\dfrac{3}{5}$

9 $\dfrac{4}{5}$ ◯ $\dfrac{1}{5}$

10 $\dfrac{3}{6}$ ◯ $\dfrac{5}{6}$

11 $\dfrac{1}{7}$ ◯ $\dfrac{6}{7}$

12 $\dfrac{4}{7}$ ◯ $\dfrac{2}{7}$

13 $\dfrac{1}{8}$ ◯ $\dfrac{5}{8}$

14 $\dfrac{2}{9}$ ◯ $\dfrac{8}{9}$

15 $\dfrac{3}{10}$ ◯ $\dfrac{7}{10}$

16 $\dfrac{4}{11}$ ◯ $\dfrac{3}{11}$

17 $\dfrac{11}{12}$ ◯ $\dfrac{7}{12}$

18 $\dfrac{8}{13}$ ◯ $\dfrac{6}{13}$

19 $\dfrac{9}{14}$ ◯ $\dfrac{8}{14}$

20 $\dfrac{2}{15}$ ◯ $\dfrac{14}{15}$

21 $\dfrac{11}{16}$ ◯ $\dfrac{5}{16}$

22 $\dfrac{9}{17}$ ◯ $\dfrac{5}{17}$

23 $\dfrac{13}{18}$ ◯ $\dfrac{17}{18}$

24 $\dfrac{13}{19}$ ◯ $\dfrac{12}{19}$

25 $\dfrac{13}{20}$ ◯ $\dfrac{11}{20}$

26 $\dfrac{20}{21}$ ◯ $\dfrac{16}{21}$

27 $\dfrac{7}{22}$ ◯ $\dfrac{15}{22}$

28 $\dfrac{20}{23}$ ◯ $\dfrac{22}{23}$

29 $\dfrac{17}{24}$ ◯ $\dfrac{5}{24}$

30 $\dfrac{14}{25}$ ◯ $\dfrac{13}{25}$

31 $\dfrac{25}{26}$ ◯ $\dfrac{21}{26}$

32 $\dfrac{19}{27}$ ◯ $\dfrac{22}{27}$

33 $\dfrac{23}{28}$ ◯ $\dfrac{25}{28}$

34 $\dfrac{4}{29}$ ◯ $\dfrac{7}{29}$

1

35 $\dfrac{17}{30}$ ◯ $\dfrac{13}{30}$

36 $\dfrac{29}{31}$ ◯ $\dfrac{24}{31}$

37 $\dfrac{25}{32}$ ◯ $\dfrac{27}{32}$

38 $\dfrac{13}{33}$ ◯ $\dfrac{19}{33}$

39 $\dfrac{31}{34}$ ◯ $\dfrac{23}{34}$

40 $\dfrac{19}{35}$ ◯ $\dfrac{16}{35}$

41 $\dfrac{25}{36}$ ◯ $\dfrac{31}{36}$

42 $\dfrac{31}{39}$ ◯ $\dfrac{28}{39}$

43 $\dfrac{17}{40}$ ◯ $\dfrac{13}{40}$

44 $\dfrac{8}{41}$ ◯ $\dfrac{10}{41}$

45 $\dfrac{25}{44}$ ◯ $\dfrac{29}{44}$

46 $\dfrac{16}{45}$ ◯ $\dfrac{11}{45}$

47 $\dfrac{37}{48}$ ◯ $\dfrac{27}{48}$

48 $\dfrac{19}{50}$ ◯ $\dfrac{23}{50}$

단위분수의 크기 비교

$\frac{1}{2}$, $\frac{1}{3}$, $\frac{1}{4}$과 같이 분자가 1인 분수를 단위분수라고 해요.

$\frac{1}{3}$

$\frac{1}{4}$

→ $\frac{1}{3}$ 〉 $\frac{1}{4}$ → 분모가 작을수록 큰 분수

└─ 3〈4 ─┘

● 그림을 보고 ◯ 안에 〉, =, 〈를 알맞게 써넣으세요.

1 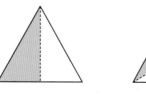 $\frac{1}{2}$ ◯ $\frac{1}{3}$

4 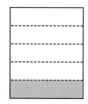 $\frac{1}{5}$ ◯  $\frac{1}{6}$

2 $\frac{1}{3}$ ◯ 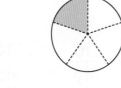 $\frac{1}{5}$

5 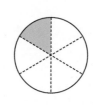 $\frac{1}{6}$ ◯ $\frac{1}{4}$

3 $\frac{1}{4}$ $\frac{1}{2}$

6 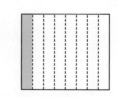 $\frac{1}{8}$ ◯ 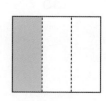 $\frac{1}{3}$

1

● 두 분수의 크기를 비교하여 ◯ 안에 >, =, <를 알맞게 써넣으세요.

7   $\dfrac{1}{3}$ ◯ $\dfrac{1}{7}$

8   $\dfrac{1}{4}$ ◯ $\dfrac{1}{9}$

9   $\dfrac{1}{5}$ ◯ $\dfrac{1}{2}$

10   $\dfrac{1}{5}$ ◯ $\dfrac{1}{9}$

11   $\dfrac{1}{6}$ ◯ $\dfrac{1}{3}$

12   $\dfrac{1}{6}$ ◯ $\dfrac{1}{10}$

13   $\dfrac{1}{7}$ ◯ $\dfrac{1}{2}$

14   $\dfrac{1}{7}$ ◯ $\dfrac{1}{5}$

15   $\dfrac{1}{7}$ ◯ $\dfrac{1}{13}$

16   $\dfrac{1}{8}$ ◯ $\dfrac{1}{4}$

17   $\dfrac{1}{8}$ ◯ $\dfrac{1}{10}$

18   $\dfrac{1}{8}$ ◯ $\dfrac{1}{16}$

19   $\dfrac{1}{9}$ ◯ $\dfrac{1}{6}$

20   $\dfrac{1}{9}$ ◯ $\dfrac{1}{12}$

21 $\dfrac{1}{10}$ ◯ $\dfrac{1}{3}$ 28 $\dfrac{1}{14}$ ◯ $\dfrac{1}{7}$

22 $\dfrac{1}{10}$ ◯ $\dfrac{1}{7}$ 29 $\dfrac{1}{14}$ ◯ $\dfrac{1}{10}$

23 $\dfrac{1}{10}$ ◯ $\dfrac{1}{12}$ 30 $\dfrac{1}{15}$ ◯ $\dfrac{1}{9}$

24 $\dfrac{1}{11}$ ◯ $\dfrac{1}{15}$ 31 $\dfrac{1}{15}$ ◯ $\dfrac{1}{12}$

25 $\dfrac{1}{12}$ ◯ $\dfrac{1}{5}$ 32 $\dfrac{1}{15}$ ◯ $\dfrac{1}{20}$

26 $\dfrac{1}{12}$ ◯ $\dfrac{1}{8}$ 33 $\dfrac{1}{16}$ ◯ $\dfrac{1}{14}$

27 $\dfrac{1}{13}$ ◯ $\dfrac{1}{15}$ 34 $\dfrac{1}{17}$ ◯ $\dfrac{1}{5}$

1

35   $\dfrac{1}{18}$ ◯ $\dfrac{1}{11}$

36   $\dfrac{1}{19}$ ◯ $\dfrac{1}{10}$

37   $\dfrac{1}{20}$ ◯ $\dfrac{1}{9}$

38   $\dfrac{1}{20}$ ◯ $\dfrac{1}{21}$

39   $\dfrac{1}{21}$ ◯ $\dfrac{1}{25}$

40   $\dfrac{1}{22}$ ◯ $\dfrac{1}{11}$

41   $\dfrac{1}{23}$ ◯ $\dfrac{1}{27}$

42   $\dfrac{1}{24}$ ◯ $\dfrac{1}{20}$

43   $\dfrac{1}{25}$ ◯ $\dfrac{1}{28}$

44   $\dfrac{1}{26}$ ◯ $\dfrac{1}{16}$

45   $\dfrac{1}{27}$ ◯ $\dfrac{1}{10}$

46   $\dfrac{1}{28}$ ◯ $\dfrac{1}{30}$

47   $\dfrac{1}{29}$ ◯ $\dfrac{1}{14}$

48   $\dfrac{1}{30}$ ◯ $\dfrac{1}{15}$

DAY 04 분수로 나타내기

이렇게 계산해요

3은 6을 똑같이 <u>2묶음</u>으로 나눈 것 중의 <u>1묶음</u>이에요.

↗ 부분 묶음의 수

→ 3은 6의 $\dfrac{1}{2}$ 이에요.

↘ 전체 묶음의 수

● 그림을 보고 ☐ 안에 알맞은 수를 써넣으세요.

1

4를 1씩 묶으면 ☐ 묶음이 됩니다. → 1은 4의 $\dfrac{☐}{☐}$ 입니다.

2

6을 2씩 묶으면 ☐ 묶음이 됩니다. → 2는 6의 $\dfrac{☐}{☐}$ 입니다.

3

8을 2씩 묶으면 ☐ 묶음이 됩니다. → 6은 8의 $\dfrac{☐}{☐}$ 입니다.

1

4

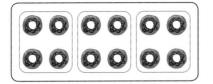

4는 12의 □/□ 입니다.

8은 12의 □/□ 입니다.

5

2는 14의 □/□ 입니다.

10은 14의 □/□ 입니다.

6

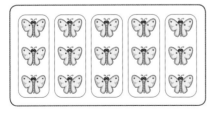

3은 15의 □/□ 입니다.

9는 15의 □/□ 입니다.

7

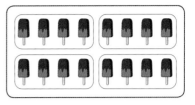

4는 16의 □/□ 입니다.

8은 16의 □/□ 입니다.

8

2는 18의 □/□ 입니다.

14는 18의 □/□ 입니다.

9

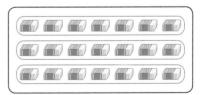

7은 21의 □/□ 입니다.

14는 21의 □/□ 입니다.

●색칠한 부분은 전체의 얼마인지 분수로 나타내어 보세요.

10

$$\frac{\square}{\square}$$

11

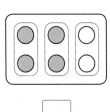

$$\frac{\square}{\square}$$

12

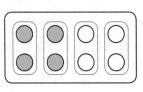

$$\frac{\square}{\square}$$

13

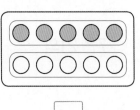

$$\frac{\square}{\square}$$

14

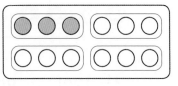

$$\frac{\square}{\square}$$

15

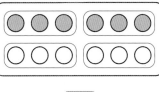

$$\frac{\square}{\square}$$

16

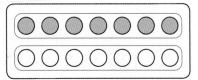

$$\frac{\square}{\square}$$

17

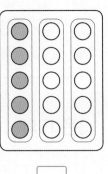

$$\frac{\square}{\square}$$

18

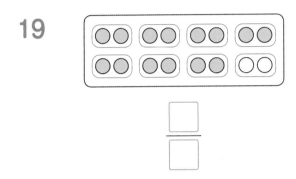

$$\frac{\square}{\square}$$

19

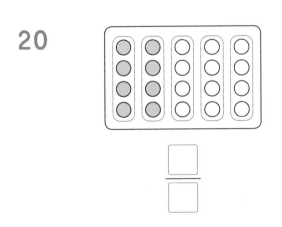

$$\frac{\square}{\square}$$

20

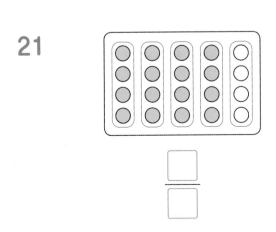

$$\frac{\square}{\square}$$

21

$$\frac{\square}{\square}$$

22

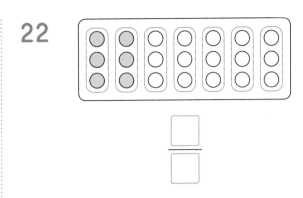

$$\frac{\square}{\square}$$

23

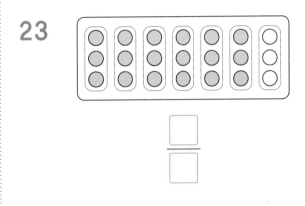

$$\frac{\square}{\square}$$

24

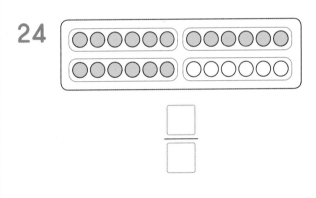

$$\frac{\square}{\square}$$

25

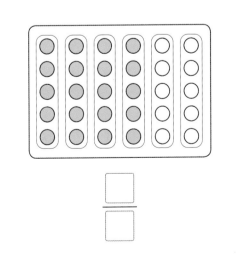

$$\frac{\square}{\square}$$

이렇게 계산해요

→ 8을 똑같이 4묶음으로 나눈 것 중의 1묶음

→ 8의 $\frac{1}{4}$은 2입니다.

→ 8의 $\frac{3}{4}$은 6입니다.

↘ 8을 똑같이 4묶음으로 나눈 것 중의 3묶음

● 그림을 보고 ▢ 안에 알맞은 수를 써넣으세요.

1

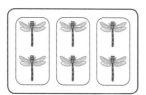

6의 $\frac{1}{3}$은 ▢입니다.

6의 $\frac{2}{3}$는 ▢입니다.

2

10의 $\frac{1}{5}$은 ▢입니다.

10의 $\frac{3}{5}$은 ▢입니다.

3

12의 $\frac{1}{4}$은 ▢입니다.

12의 $\frac{2}{4}$는 ▢입니다.

4

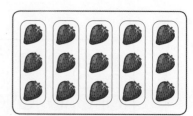

15의 $\frac{1}{5}$은 ▢입니다.

15의 $\frac{4}{5}$는 ▢입니다.

5

16의 $\dfrac{1}{2}$은 ☐ 입니다.

16의 $\dfrac{1}{4}$은 ☐ 입니다.

6

18의 $\dfrac{1}{3}$은 ☐ 입니다.

18의 $\dfrac{4}{9}$는 ☐ 입니다.

7

20의 $\dfrac{1}{5}$은 ☐ 입니다.

20의 $\dfrac{3}{4}$은 ☐ 입니다.

8

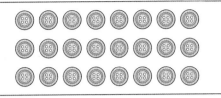

24의 $\dfrac{1}{8}$은 ☐ 입니다.

24의 $\dfrac{5}{6}$는 ☐ 입니다.

9

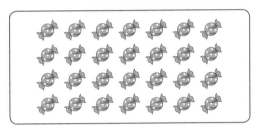

28의 $\dfrac{1}{4}$은 ☐ 입니다.

28의 $\dfrac{3}{7}$은 ☐ 입니다.

10

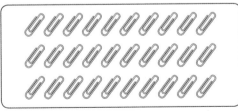

30의 $\dfrac{1}{6}$은 ☐ 입니다.

30의 $\dfrac{2}{3}$는 ☐ 입니다.

11

0　　3　　6　　9(cm)

9 cm의 $\frac{1}{3}$은 ☐ cm입니다.

9 cm의 $\frac{2}{3}$는 ☐ cm입니다.

12

0　2　4　6　8　10(cm)

10 cm의 $\frac{1}{5}$은 ☐ cm입니다.

10 cm의 $\frac{2}{5}$는 ☐ cm입니다.

13

0　2　4　6　8　10　12(cm)

12 cm의 $\frac{1}{6}$은 ☐ cm입니다.

12 cm의 $\frac{5}{6}$는 ☐ cm입니다.

14

0　2　4　6　8　10　12　14(cm)

14 cm의 $\frac{1}{7}$은 ☐ cm입니다.

14 cm의 $\frac{6}{7}$은 ☐ cm입니다.

15

0　　5　　10　　15(cm)

15 cm의 $\frac{1}{3}$은 ☐ cm입니다.

15 cm의 $\frac{2}{3}$는 ☐ cm입니다.

16

0　4　8　12　16(cm)

16 cm의 $\frac{1}{4}$은 ☐ cm입니다.

16 cm의 $\frac{3}{4}$은 ☐ cm입니다.

17

0 2 4 6 8 10 12 14 16 18(cm)

18 cm의 $\frac{1}{9}$은 ☐ cm입니다.

18 cm의 $\frac{5}{9}$는 ☐ cm입니다.

18

0　　5　　10　　15　　20(cm)

20 cm의 $\frac{1}{4}$은 ☐ cm입니다.

20 cm의 $\frac{2}{4}$는 ☐ cm입니다.

1

19 0 3 6 9 12 15 18 21(cm)

21 cm의 $\dfrac{1}{7}$은 ☐ cm입니다.

21 cm의 $\dfrac{5}{7}$는 ☐ cm입니다.

23 0 5 10 15 20 25 30(cm)

30 cm의 $\dfrac{1}{6}$은 ☐ cm입니다.

30 cm의 $\dfrac{2}{3}$는 ☐ cm입니다.

20 0 6 12 18 24(cm)

24 cm의 $\dfrac{1}{4}$은 ☐ cm입니다.

24 cm의 $\dfrac{3}{4}$은 ☐ cm입니다.

24 0 4 8 12 16 20 24 28 32(cm)

32 cm의 $\dfrac{1}{8}$은 ☐ cm입니다.

32 cm의 $\dfrac{3}{4}$은 ☐ cm입니다.

21 0 3 6 9 12 15 18 21 24 27(cm)

27 cm의 $\dfrac{1}{9}$은 ☐ cm입니다.

27 cm의 $\dfrac{8}{9}$은 ☐ cm입니다.

25 0 6 12 18 24 30 36(cm)

36 cm의 $\dfrac{1}{2}$은 ☐ cm입니다.

36 cm의 $\dfrac{5}{6}$는 ☐ cm입니다.

22 0 4 8 12 16 20 24 28(cm)

28 cm의 $\dfrac{1}{7}$은 ☐ cm입니다.

28 cm의 $\dfrac{4}{7}$는 ☐ cm입니다.

26 0 5 10 15 20 25 30 35 40(cm)

40 cm의 $\dfrac{1}{4}$은 ☐ cm입니다.

40 cm의 $\dfrac{5}{8}$는 ☐ cm입니다.

DAY 06 대분수를 가분수로, 가분수를 대분수로 나타내기

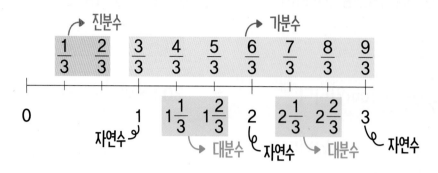

이렇게 계산해요

• 대분수 $1\frac{2}{3}$를 가분수로 나타내기

자연수를 가분수로 나타내기

$1\frac{2}{3}$ ➡ $\frac{3}{3}$과 $\frac{2}{3}$ ➡ $\frac{1}{3}$이 5개 ➡ $\frac{5}{3}$

단위분수가 몇 개인지 세기

• 가분수 $\frac{5}{4}$를 대분수로 나타내기

가분수를 자연수로 나타내기

$\frac{5}{4}$ ➡ $\frac{4}{4}$와 $\frac{1}{4}$ ➡ 1과 $\frac{1}{4}$ ➡ $1\frac{1}{4}$

자연수 부분과 진분수로 나누기

● 그림을 보고 대분수는 가분수로, 가분수는 대분수로 나타내어 보세요.

1

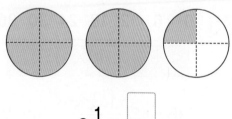

$2\frac{1}{4} = \dfrac{\boxed{}}{\boxed{}}$

3

$\frac{5}{2} = \boxed{}\dfrac{\boxed{}}{\boxed{}}$

2

$2\frac{1}{6} = \dfrac{\boxed{}}{\boxed{}}$

4

$\frac{7}{4} = \boxed{}\dfrac{\boxed{}}{\boxed{}}$

● 대분수는 가분수로, 가분수는 대분수로 나타내어 보세요.

1

5 $4\frac{1}{2} = \dfrac{\Box}{\Box}$

6 $1\frac{1}{3} = \dfrac{\Box}{\Box}$

7 $3\frac{2}{3} = \dfrac{\Box}{\Box}$

8 $1\frac{2}{4} = \dfrac{\Box}{\Box}$

9 $4\frac{2}{5} = \dfrac{\Box}{\Box}$

10 $3\frac{5}{6} = \dfrac{\Box}{\Box}$

11 $\dfrac{10}{3} = \Box\dfrac{\Box}{\Box}$

12 $\dfrac{11}{4} = \Box\dfrac{\Box}{\Box}$

13 $\dfrac{17}{4} = \Box\dfrac{\Box}{\Box}$

14 $\dfrac{9}{5} = \Box\dfrac{\Box}{\Box}$

15 $\dfrac{13}{6} = \Box\dfrac{\Box}{\Box}$

16 $\dfrac{23}{7} = \Box\dfrac{\Box}{\Box}$

17 $2\frac{2}{7} =$

18 $4\frac{1}{7} =$

19 $1\frac{3}{8} =$

20 $3\frac{5}{8} =$

21 $2\frac{2}{9} =$

22 $5\frac{4}{9} =$

23 $6\frac{1}{9} =$

24 $\frac{41}{7} =$

25 $\frac{13}{8} =$

26 $\frac{23}{8} =$

27 $\frac{41}{8} =$

28 $\frac{14}{9} =$

29 $\frac{28}{9} =$

30 $\frac{27}{10} =$

31 $1\frac{3}{10} =$

32 $3\frac{7}{10} =$

33 $4\frac{1}{12} =$

34 $2\frac{7}{15} =$

35 $1\frac{9}{16} =$

36 $4\frac{3}{18} =$

37 $3\frac{11}{20} =$

38 $\frac{41}{10} =$

39 $\frac{15}{11} =$

40 $\frac{45}{13} =$

41 $\frac{37}{14} =$

42 $\frac{29}{17} =$

43 $\frac{41}{18} =$

44 $\frac{53}{20} =$

분모가 같은 가분수, 대분수의 크기 비교

이렇게
계산해요

● 분모가 같은 가분수의 크기 비교

$$\overset{\overset{\displaystyle 7<9}{\frown}}{\frac{7}{4}} \bigcirc < \frac{9}{4} \rightarrow 분자가 클수록 큰 분수$$

● 분모가 같은 대분수의 크기 비교

$$\overset{\overset{\displaystyle 2>1}{\frown}}{2\frac{1}{3}} \bigcirc > 1\frac{2}{3} \rightarrow 자연수가 클수록 큰 분수$$

$$\overset{\overset{\displaystyle 1<5}{\frown}}{1\frac{1}{6}} \bigcirc < 1\frac{5}{6} \rightarrow 자연수가 같으면 분자가 클수록 큰 분수$$

● 분모가 같은 가분수와 대분수의 크기 비교

$$\frac{5}{3} \qquad 1\frac{1}{3}$$

→ 대분수를 가분수로 나타내어 크기 비교

$$\frac{5}{3} > \frac{4}{3} \;\Rightarrow\; \frac{5}{3} \bigcirc > 1\frac{1}{3}$$

$$1\frac{2}{3} > 1\frac{1}{3} \;\Rightarrow\; \frac{5}{3} \bigcirc > 1\frac{1}{3}$$

→ 가분수를 대분수로 나타내어 크기 비교

● 두 분수의 크기를 비교하여 ◯ 안에 >, =, <를 알맞게 써넣으세요.

1 $\dfrac{5}{2} \bigcirc \dfrac{9}{2}$

2 $\dfrac{10}{3} \bigcirc \dfrac{7}{3}$

3 $\dfrac{11}{5} \bigcirc \dfrac{7}{5}$

4 $\dfrac{13}{6} \bigcirc \dfrac{10}{6}$

5 $\dfrac{8}{7} \bigcirc \dfrac{10}{7}$

6 $\dfrac{13}{8} \bigcirc \dfrac{12}{8}$

7 $\dfrac{16}{9} \bigcirc \dfrac{20}{9}$

8 $\dfrac{17}{10} \bigcirc \dfrac{15}{10}$

1

9 $\dfrac{15}{11}$ ◯ $\dfrac{12}{11}$

10 $\dfrac{13}{12}$ ◯ $\dfrac{19}{12}$

11 $\dfrac{22}{13}$ ◯ $\dfrac{25}{13}$

12 $\dfrac{21}{14}$ ◯ $\dfrac{19}{14}$

13 $\dfrac{18}{15}$ ◯ $\dfrac{16}{15}$

14 $\dfrac{21}{17}$ ◯ $\dfrac{18}{17}$

15 $\dfrac{27}{20}$ ◯ $\dfrac{31}{20}$

16 $3\dfrac{2}{3}$ ◯ $3\dfrac{1}{3}$

17 $2\dfrac{1}{4}$ ◯ $1\dfrac{3}{4}$

18 $3\dfrac{4}{5}$ ◯ $2\dfrac{2}{5}$

19 $4\dfrac{1}{5}$ ◯ $4\dfrac{3}{5}$

20 $2\dfrac{5}{6}$ ◯ $2\dfrac{1}{6}$

21 $3\dfrac{6}{7}$ ◯ $5\dfrac{1}{7}$

22 $4\dfrac{3}{7}$ ◯ $4\dfrac{4}{7}$

23 $3\frac{1}{8}$ ◯ $2\frac{7}{8}$

24 $1\frac{5}{9}$ ◯ $4\frac{2}{9}$

25 $5\frac{1}{9}$ ◯ $5\frac{4}{9}$

26 $2\frac{3}{10}$ ◯ $2\frac{1}{10}$

27 $4\frac{6}{10}$ ◯ $4\frac{2}{10}$

28 $3\frac{6}{11}$ ◯ $3\frac{4}{11}$

29 $2\frac{7}{12}$ ◯ $1\frac{11}{12}$

30 $4\frac{5}{14}$ ◯ $6\frac{3}{14}$

31 $1\frac{7}{15}$ ◯ $2\frac{4}{15}$

32 $2\frac{13}{16}$ ◯ $2\frac{9}{16}$

33 $5\frac{4}{17}$ ◯ $5\frac{5}{17}$

34 $3\frac{17}{18}$ ◯ $1\frac{5}{18}$

35 $4\frac{2}{19}$ ◯ $4\frac{3}{19}$

36 $6\frac{7}{20}$ ◯ $5\frac{9}{20}$

1

37 $\dfrac{7}{2}$ ◯ $1\dfrac{1}{2}$

38 $\dfrac{13}{4}$ ◯ $2\dfrac{1}{4}$

39 $\dfrac{17}{5}$ ◯ $3\dfrac{1}{5}$

40 $\dfrac{13}{6}$ ◯ $3\dfrac{5}{6}$

41 $\dfrac{16}{7}$ ◯ $3\dfrac{1}{7}$

42 $\dfrac{10}{9}$ ◯ $1\dfrac{2}{9}$

43 $\dfrac{29}{10}$ ◯ $1\dfrac{7}{10}$

44 $2\dfrac{5}{11}$ ◯ $\dfrac{18}{11}$

45 $1\dfrac{6}{13}$ ◯ $\dfrac{20}{13}$

46 $2\dfrac{1}{14}$ ◯ $\dfrac{29}{14}$

47 $3\dfrac{4}{15}$ ◯ $\dfrac{51}{15}$

48 $1\dfrac{5}{16}$ ◯ $\dfrac{17}{16}$

49 $3\dfrac{3}{18}$ ◯ $\dfrac{38}{18}$

50 $4\dfrac{7}{20}$ ◯ $\dfrac{91}{20}$

● 색칠한 부분을 분수로 쓰고 읽어 보세요.

1

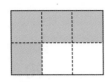

쓰기 _____

읽기 _____

2

쓰기 _____

읽기 _____

● 색칠한 부분은 전체의 얼마인지 분수로 나타내어 보세요.

3

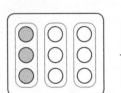

4

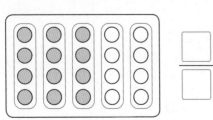

● 그림을 보고 ☐ 안에 알맞은 수를 써넣으세요.

5

24의 $\dfrac{1}{2}$은 ☐ 입니다.

24의 $\dfrac{2}{3}$는 ☐ 입니다.

6

15 cm의 $\dfrac{1}{5}$은 ☐ cm입니다.

15 cm의 $\dfrac{4}{5}$는 ☐ cm입니다.

● 대분수는 가분수로, 가분수는 대분수로 나타내어 보세요.

7 $1\dfrac{3}{5} =$

8 $3\dfrac{4}{7} =$

9 $\dfrac{25}{9} =$

두 분수의 크기를 비교하여 ◯ 안에 >, =, <를 알맞게 써넣으세요.

10 $\dfrac{2}{3}$ ◯ $\dfrac{1}{3}$

16 $2\dfrac{7}{10}$ ◯ $2\dfrac{1}{10}$

11 $\dfrac{9}{4}$ ◯ $\dfrac{15}{4}$

17 $\dfrac{1}{11}$ ◯ $\dfrac{1}{13}$

12 $\dfrac{1}{6}$ ◯ $\dfrac{1}{5}$

18 $\dfrac{5}{12}$ ◯ $\dfrac{7}{12}$

13 $2\dfrac{1}{7}$ ◯ $\dfrac{12}{7}$

19 $\dfrac{15}{13}$ ◯ $\dfrac{14}{13}$

14 $4\dfrac{1}{8}$ ◯ $3\dfrac{7}{8}$

20 $\dfrac{11}{15}$ ◯ $\dfrac{14}{15}$

15 $\dfrac{8}{9}$ ◯ $\dfrac{5}{9}$

21 $\dfrac{25}{20}$ ◯ $1\dfrac{7}{20}$

>> 숨은 그림 8개를 찾아보세요.

분모가 같은
분수의 덧셈

DAY 09 (진분수)+(진분수)

: 합이 1보다 작은 경우

이렇게 계산해요

$\frac{2}{4}$

$\frac{1}{4}$

→ 분자끼리 더하기

$$\frac{2}{4} + \frac{1}{4} = \frac{2+1}{4} = \frac{3}{4}$$

분모는 그대로 두기

● 그림을 보고 ☐ 안에 알맞은 수를 써넣으세요.

1 $\frac{1}{3}$

$\frac{1}{3}$

→ $\frac{1}{3} + \frac{1}{3} = \frac{\boxed{}}{3}$

2 $\frac{2}{5}$

$\frac{1}{5}$

→ $\frac{2}{5} + \frac{1}{5} = \frac{\boxed{}}{5}$

3 $\frac{2}{6}$

$\frac{3}{6}$

→ $\frac{2}{6} + \frac{3}{6} = \frac{\boxed{}}{6}$

4 $\frac{2}{7}$

$\frac{3}{7}$

→ $\frac{2}{7} + \frac{3}{7} = \frac{\boxed{}}{7}$

5 $\frac{1}{8}$

$\frac{6}{8}$

→ $\frac{1}{8} + \frac{6}{8} = \frac{\boxed{}}{8}$

6 $\frac{4}{9}$

$\frac{3}{9}$

→ $\frac{4}{9} + \frac{3}{9} = \frac{\boxed{}}{9}$

2

● ☐ 안에 알맞은 수를 써넣으세요.

7 $\dfrac{7}{12} + \dfrac{4}{12} = \dfrac{\boxed{} + \boxed{}}{12} = \dfrac{\boxed{}}{12}$

13 $\dfrac{17}{22} + \dfrac{1}{22} = \dfrac{\boxed{} + \boxed{}}{22} = \dfrac{\boxed{}}{22}$

8 $\dfrac{3}{14} + \dfrac{6}{14} = \dfrac{\boxed{} + \boxed{}}{14} = \dfrac{\boxed{}}{14}$

14 $\dfrac{6}{25} + \dfrac{7}{25} = \dfrac{\boxed{} + \boxed{}}{25} = \dfrac{\boxed{}}{25}$

9 $\dfrac{9}{15} + \dfrac{5}{15} = \dfrac{\boxed{} + \boxed{}}{15} = \dfrac{\boxed{}}{15}$

15 $\dfrac{10}{27} + \dfrac{6}{27} = \dfrac{\boxed{} + \boxed{}}{27} = \dfrac{\boxed{}}{27}$

10 $\dfrac{8}{17} + \dfrac{2}{17} = \dfrac{\boxed{} + \boxed{}}{17} = \dfrac{\boxed{}}{17}$

16 $\dfrac{8}{32} + \dfrac{11}{32} = \dfrac{\boxed{} + \boxed{}}{32} = \dfrac{\boxed{}}{32}$

11 $\dfrac{5}{18} + \dfrac{8}{18} = \dfrac{\boxed{} + \boxed{}}{18} = \dfrac{\boxed{}}{18}$

17 $\dfrac{11}{35} + \dfrac{7}{35} = \dfrac{\boxed{} + \boxed{}}{35} = \dfrac{\boxed{}}{35}$

12 $\dfrac{9}{20} + \dfrac{4}{20} = \dfrac{\boxed{} + \boxed{}}{20} = \dfrac{\boxed{}}{20}$

18 $\dfrac{16}{37} + \dfrac{4}{37} = \dfrac{\boxed{} + \boxed{}}{37} = \dfrac{\boxed{}}{37}$

● 계산해 보세요.

19 $\dfrac{1}{4} + \dfrac{1}{4} =$

20 $\dfrac{2}{5} + \dfrac{2}{5} =$

21 $\dfrac{1}{6} + \dfrac{2}{6} =$

22 $\dfrac{5}{7} + \dfrac{1}{7} =$

23 $\dfrac{2}{8} + \dfrac{3}{8} =$

24 $\dfrac{1}{9} + \dfrac{6}{9} =$

25 $\dfrac{3}{10} + \dfrac{2}{10} =$

26 $\dfrac{8}{11} + \dfrac{1}{11} =$

27 $\dfrac{5}{13} + \dfrac{6}{13} =$

28 $\dfrac{7}{15} + \dfrac{1}{15} =$

29 $\dfrac{3}{16} + \dfrac{11}{16} =$

30 $\dfrac{4}{18} + \dfrac{9}{18} =$

2

31 $\dfrac{10}{19}+\dfrac{2}{19}=$

37 $\dfrac{8}{28}+\dfrac{3}{28}=$

32 $\dfrac{4}{20}+\dfrac{13}{20}=$

38 $\dfrac{6}{29}+\dfrac{10}{29}=$

33 $\dfrac{8}{21}+\dfrac{4}{21}=$

39 $\dfrac{23}{30}+\dfrac{4}{30}=$

34 $\dfrac{7}{23}+\dfrac{13}{23}=$

40 $\dfrac{13}{33}+\dfrac{5}{33}=$

35 $\dfrac{9}{24}+\dfrac{8}{24}=$

41 $\dfrac{17}{36}+\dfrac{16}{36}=$

36 $\dfrac{11}{26}+\dfrac{4}{26}=$

42 $\dfrac{17}{40}+\dfrac{4}{40}=$

DAY 10 (진분수)+(진분수)

: 합이 1보다 큰 경우

이렇게 계산해요

$\dfrac{2}{3}$

$\dfrac{2}{3}$

분자끼리 더하기

$\dfrac{2}{3} + \dfrac{2}{3} = \dfrac{2+2}{3} = \dfrac{4}{3} = 1\dfrac{1}{3}$

분모는 그대로 두기   대분수로 나타내기

● 그림을 보고 ☐ 안에 알맞은 수를 써넣으세요.

1 $\dfrac{3}{4}$

$\dfrac{3}{4}$

→ $\dfrac{3}{4} + \dfrac{3}{4} = \dfrac{\boxed{}}{4} = \boxed{}\dfrac{\boxed{}}{4}$

2 $\dfrac{4}{5}$

$\dfrac{3}{5}$

→ $\dfrac{4}{5} + \dfrac{3}{5} = \dfrac{\boxed{}}{5} = \boxed{}\dfrac{\boxed{}}{5}$

3 $\dfrac{2}{6}$

$\dfrac{5}{6}$

→ $\dfrac{2}{6} + \dfrac{5}{6} = \dfrac{\boxed{}}{6} = \boxed{}\dfrac{\boxed{}}{6}$

4 $\dfrac{4}{7}$

$\dfrac{4}{7}$

→ $\dfrac{4}{7} + \dfrac{4}{7} = \dfrac{\boxed{}}{7} = \boxed{}\dfrac{\boxed{}}{7}$

5 $\dfrac{6}{8}$

$\dfrac{7}{8}$

→ $\dfrac{6}{8} + \dfrac{7}{8} = \dfrac{\boxed{}}{8} = \boxed{}\dfrac{\boxed{}}{8}$

6 $\dfrac{8}{9}$

$\dfrac{7}{9}$

→ $\dfrac{8}{9} + \dfrac{7}{9} = \dfrac{\boxed{}}{9} = \boxed{}\dfrac{\boxed{}}{9}$

● □ 안에 알맞은 수를 써넣으세요.

2

7 $\dfrac{8}{10} + \dfrac{5}{10} = \dfrac{\boxed{} + \boxed{}}{10}$

$= \dfrac{\boxed{}}{10} = \boxed{}\dfrac{\boxed{}}{10}$

11 $\dfrac{17}{24} + \dfrac{9}{24} = \dfrac{\boxed{} + \boxed{}}{24}$

$= \dfrac{\boxed{}}{24} = \boxed{}\dfrac{\boxed{}}{24}$

8 $\dfrac{8}{13} + \dfrac{9}{13} = \dfrac{\boxed{} + \boxed{}}{13}$

$= \dfrac{\boxed{}}{13} = \boxed{}\dfrac{\boxed{}}{13}$

12 $\dfrac{10}{27} + \dfrac{21}{27} = \dfrac{\boxed{} + \boxed{}}{27}$

$= \dfrac{\boxed{}}{27} = \boxed{}\dfrac{\boxed{}}{27}$

9 $\dfrac{11}{15} + \dfrac{10}{15} = \dfrac{\boxed{} + \boxed{}}{15}$

$= \dfrac{\boxed{}}{15} = \boxed{}\dfrac{\boxed{}}{15}$

13 $\dfrac{20}{35} + \dfrac{26}{35} = \dfrac{\boxed{} + \boxed{}}{35}$

$= \dfrac{\boxed{}}{35} = \boxed{}\dfrac{\boxed{}}{35}$

10 $\dfrac{9}{20} + \dfrac{18}{20} = \dfrac{\boxed{} + \boxed{}}{20}$

$= \dfrac{\boxed{}}{20} = \boxed{}\dfrac{\boxed{}}{20}$

14 $\dfrac{10}{38} + \dfrac{37}{38} = \dfrac{\boxed{} + \boxed{}}{38}$

$= \dfrac{\boxed{}}{38} = \boxed{}\dfrac{\boxed{}}{38}$

15 $\dfrac{3}{4}+\dfrac{2}{4}=$

16 $\dfrac{3}{5}+\dfrac{3}{5}=$

17 $\dfrac{4}{6}+\dfrac{5}{6}=$

18 $\dfrac{5}{7}+\dfrac{6}{7}=$

19 $\dfrac{3}{8}+\dfrac{7}{8}=$

20 $\dfrac{8}{9}+\dfrac{5}{9}=$

21 $\dfrac{3}{10}+\dfrac{8}{10}=$

22 $\dfrac{6}{11}+\dfrac{7}{11}=$

23 $\dfrac{5}{12}+\dfrac{11}{12}=$

24 $\dfrac{13}{14}+\dfrac{11}{14}=$

25 $\dfrac{7}{16}+\dfrac{14}{16}=$

26 $\dfrac{13}{17}+\dfrac{8}{17}=$

27 $\dfrac{10}{19}+\dfrac{18}{19}=$

28 $\dfrac{11}{21}+\dfrac{20}{21}=$

29 $\dfrac{8}{22}+\dfrac{15}{22}=$

30 $\dfrac{21}{23}+\dfrac{7}{23}=$

31 $\dfrac{9}{25}+\dfrac{24}{25}=$

32 $\dfrac{13}{26}+\dfrac{23}{26}$

33 $\dfrac{19}{29}+\dfrac{17}{29}=$

34 $\dfrac{8}{30}+\dfrac{29}{30}=$

35 $\dfrac{18}{32}+\dfrac{22}{32}=$

36 $\dfrac{12}{33}+\dfrac{31}{33}=$

37 $\dfrac{20}{37}+\dfrac{25}{37}=$

38 $\dfrac{8}{40}+\dfrac{39}{40}$

DAY 11 (대분수)+(대분수)

: 진분수의 합이 1보다 작은 경우

이렇게 계산해요

$1\dfrac{1}{5}$

$1\dfrac{3}{5}$

자연수끼리 더하기

→ $1\dfrac{1}{5} + 1\dfrac{3}{5} = 2\dfrac{4}{5}$

진분수끼리 더하기

● 그림을 보고 □ 안에 알맞은 수를 써넣으세요.

1　$1\dfrac{1}{4}$

$1\dfrac{2}{4}$

→ $1\dfrac{1}{4} + 1\dfrac{2}{4} = \dfrac{\boxed{}\ \boxed{}}{4}$

3　$2\dfrac{5}{8}$

$2\dfrac{2}{8}$

→ $2\dfrac{5}{8} + 2\dfrac{2}{8} = \boxed{}\dfrac{\boxed{}}{8}$

2　$2\dfrac{3}{6}$

$1\dfrac{2}{6}$

→ $2\dfrac{3}{6} + 1\dfrac{2}{6} = \boxed{}\dfrac{\boxed{}}{6}$

4　$1\dfrac{3}{10}$

$2\dfrac{3}{10}$

→ $1\dfrac{3}{10} + 2\dfrac{3}{10} = \boxed{}\dfrac{\boxed{}}{10}$

● ☐ 안에 알맞은 수를 써넣으세요.

5 $3\dfrac{2}{9} + 4\dfrac{2}{9} = \boxed{} + \dfrac{\boxed{}}{9}$

$= \boxed{}\dfrac{\boxed{}}{9}$

6 $2\dfrac{5}{12} + 1\dfrac{2}{12} = \boxed{} + \dfrac{\boxed{}}{12}$

$= \boxed{}\dfrac{\boxed{}}{12}$

7 $5\dfrac{4}{13} + 2\dfrac{4}{13} = \boxed{} + \dfrac{\boxed{}}{13}$

$= \boxed{}\dfrac{\boxed{}}{13}$

8 $2\dfrac{5}{18} + 3\dfrac{6}{18} = \boxed{} + \dfrac{\boxed{}}{18}$

$= \boxed{}\dfrac{\boxed{}}{18}$

9 $3\dfrac{9}{20} + 1\dfrac{4}{20} = \boxed{} + \dfrac{\boxed{}}{20}$

$= \boxed{}\dfrac{\boxed{}}{20}$

10 $2\dfrac{6}{27} + 2\dfrac{10}{27} = \boxed{} + \dfrac{\boxed{}}{27}$

$= \boxed{}\dfrac{\boxed{}}{27}$

11 $3\dfrac{9}{35} + 3\dfrac{20}{35} = \boxed{} + \dfrac{\boxed{}}{35}$

$= \boxed{}\dfrac{\boxed{}}{35}$

12 $4\dfrac{6}{39} + 1\dfrac{31}{39} = \boxed{} + \dfrac{\boxed{}}{39}$

$= \boxed{}\dfrac{\boxed{}}{39}$

13 $1\dfrac{1}{3}+3\dfrac{1}{3}=$

14 $2\dfrac{2}{5}+4\dfrac{1}{5}=$

15 $1\dfrac{4}{6}+3\dfrac{1}{6}=$

16 $3\dfrac{1}{7}+2\dfrac{4}{7}=$

17 $1\dfrac{2}{8}+1\dfrac{1}{8}=$

18 $2\dfrac{3}{9}+5\dfrac{4}{9}=$

19 $3\dfrac{5}{11}+3\dfrac{2}{11}=$

20 $1\dfrac{4}{12}+4\dfrac{7}{12}=$

21 $2\dfrac{8}{14}+1\dfrac{3}{14}=$

22 $4\dfrac{3}{15}+2\dfrac{4}{15}=$

23 $3\dfrac{3}{16}+2\dfrac{6}{16}=$

24 $2\dfrac{10}{17}+1\dfrac{4}{17}=$

25 $1\dfrac{10}{18}+3\dfrac{3}{18}=$

26 $5\dfrac{3}{19}+2\dfrac{4}{19}=$

27 $2\dfrac{5}{21}+2\dfrac{6}{21}=$

28 $3\dfrac{9}{22}+2\dfrac{10}{22}=$

29 $1\dfrac{6}{23}+1\dfrac{6}{23}=$

30 $4\dfrac{8}{25}+2\dfrac{9}{25}=$

31 $2\dfrac{7}{27}+1\dfrac{10}{27}=$

32 $5\dfrac{9}{28}+2\dfrac{14}{28}=$

33 $1\dfrac{9}{30}+1\dfrac{10}{30}=$

34 $3\dfrac{5}{32}+1\dfrac{8}{32}=$

35 $2\dfrac{11}{34}+2\dfrac{18}{34}=$

36 $1\dfrac{7}{40}+1\dfrac{2}{40}=$

(대분수)+(대분수)

: 진분수의 합이 1보다 큰 경우

이렇게
계산해요

$1\frac{3}{4}+1\frac{2}{4}$의 계산

방법 1

자연수끼리 더하기

$1\frac{3}{4}+1\frac{2}{4}=2+\frac{5}{4}=2+1\frac{1}{4}=3\frac{1}{4}$

진분수끼리 더하기

방법 2

분자끼리 더하기

$1\frac{3}{4}+1\frac{2}{4}=\frac{7}{4}+\frac{6}{4}=\frac{13}{4}=3\frac{1}{4}$

→ (가분수)+(가분수)로 바꾸기

● ☐ 안에 알맞은 수를 써넣으세요.

1 $2\frac{4}{5}+1\frac{3}{5}=3+\dfrac{\boxed{}}{5}$

$\phantom{2\frac{4}{5}+1\frac{3}{5}}=\boxed{}+\dfrac{\boxed{}}{5}$

$\phantom{2\frac{4}{5}+1\frac{3}{5}}=\boxed{}\dfrac{\boxed{}}{5}$

2 $2\frac{2}{6}+1\frac{5}{6}=3+\dfrac{\boxed{}}{6}$

$\phantom{2\frac{2}{6}+1\frac{5}{6}}=\boxed{}+\dfrac{\boxed{}}{6}$

$\phantom{2\frac{2}{6}+1\frac{5}{6}}=\boxed{}\dfrac{\boxed{}}{6}$

3 $3\frac{6}{7}+2\frac{5}{7}=5+\dfrac{\boxed{}}{7}$

$\phantom{3\frac{6}{7}+2\frac{5}{7}}=\boxed{}+\dfrac{\boxed{}}{7}$

$\phantom{3\frac{6}{7}+2\frac{5}{7}}=\boxed{}\dfrac{\boxed{}}{7}$

4 $2\frac{5}{8}+2\frac{5}{8}=4+\dfrac{\boxed{}}{8}$

$\phantom{2\frac{5}{8}+2\frac{5}{8}}=\boxed{}+\dfrac{\boxed{}}{8}$

$\phantom{2\frac{5}{8}+2\frac{5}{8}}=\boxed{}\dfrac{\boxed{}}{8}$

5 $1\dfrac{7}{9}+2\dfrac{3}{9}=\dfrac{\boxed{}}{9}+\dfrac{\boxed{}}{9}$

$\phantom{1\dfrac{7}{9}}=\dfrac{\boxed{}}{9}=\boxed{}\dfrac{\boxed{}}{9}$

6 $4\dfrac{5}{11}+1\dfrac{8}{11}=\dfrac{\boxed{}}{11}+\dfrac{\boxed{}}{11}$

$\phantom{4\dfrac{5}{11}}=\dfrac{\boxed{}}{11}=\boxed{}\dfrac{\boxed{}}{11}$

7 $3\dfrac{6}{15}+1\dfrac{14}{15}=\dfrac{\boxed{}}{15}+\dfrac{\boxed{}}{15}$

$\phantom{3\dfrac{6}{15}}=\dfrac{\boxed{}}{15}=\boxed{}\dfrac{\boxed{}}{15}$

8 $1\dfrac{16}{21}+1\dfrac{7}{21}=\dfrac{\boxed{}}{21}+\dfrac{\boxed{}}{21}$

$\phantom{1\dfrac{16}{21}}=\dfrac{\boxed{}}{21}=\boxed{}\dfrac{\boxed{}}{21}$

9 $1\dfrac{13}{26}+1\dfrac{16}{26}=\dfrac{\boxed{}}{26}+\dfrac{\boxed{}}{26}$

$\phantom{1\dfrac{13}{26}}=\dfrac{\boxed{}}{26}=\boxed{}\dfrac{\boxed{}}{26}$

10 $2\dfrac{4}{27}+2\dfrac{25}{27}$

$=\dfrac{\boxed{}}{27}+\dfrac{\boxed{}}{27}$

$=\dfrac{\boxed{}}{27}=\boxed{}\dfrac{\boxed{}}{27}$

11 $3\dfrac{18}{30}+1\dfrac{29}{30}$

$=\dfrac{\boxed{}}{30}+\dfrac{\boxed{}}{30}$

$=\dfrac{\boxed{}}{30}=\boxed{}\dfrac{\boxed{}}{30}$

12 $1\dfrac{8}{35}+2\dfrac{30}{35}$

$=\dfrac{\boxed{}}{35}+\dfrac{\boxed{}}{35}$

$=\dfrac{\boxed{}}{35}=\boxed{}\dfrac{\boxed{}}{35}$

13 $2\dfrac{2}{3}+3\dfrac{2}{3}=$

14 $3\dfrac{3}{4}+1\dfrac{3}{4}=$

15 $4\dfrac{3}{6}+2\dfrac{4}{6}=$

16 $1\dfrac{4}{7}+2\dfrac{5}{7}=$

17 $1\dfrac{7}{8}+5\dfrac{6}{8}=$

18 $2\dfrac{7}{9}+2\dfrac{6}{9}=$

19 $3\dfrac{4}{10}+2\dfrac{7}{10}=$

20 $5\dfrac{8}{12}+1\dfrac{5}{12}=$

21 $4\dfrac{12}{13}+5\dfrac{5}{13}=$

22 $1\dfrac{9}{14}+1\dfrac{13}{14}=$

23 $2\dfrac{15}{17}+3\dfrac{4}{17}=$

24 $2\dfrac{14}{18}+2\dfrac{13}{18}=$

25 $1\frac{9}{20} + 3\frac{18}{20} =$

26 $3\frac{15}{21} + 2\frac{17}{21} =$

27 $3\frac{7}{22} + 4\frac{18}{22} =$

28 $4\frac{9}{23} + 1\frac{22}{23} =$

29 $1\frac{10}{24} + 4\frac{19}{24} =$

30 $5\frac{17}{25} + 2\frac{9}{25} =$

31 $1\frac{15}{26} + 1\frac{16}{26} =$

32 $4\frac{15}{28} + 2\frac{14}{28} =$

33 $2\frac{19}{32} + 1\frac{30}{32} =$

34 $3\frac{21}{33} + 3\frac{15}{33} =$

35 $1\frac{25}{36} + 4\frac{22}{36} =$

36 $3\frac{24}{39} + 3\frac{17}{39} =$

(대분수)+(진분수), (진분수)+(대분수)

이렇게
계산해요

$1\frac{4}{5}+\frac{3}{5}$의 계산

자연수는 그대로 두기

방법 1 $\quad 1\frac{4}{5}+\frac{3}{5}=1+\frac{7}{5}=1+1\frac{2}{5}=2\frac{2}{5}$

분수끼리 더하기

분자끼리 더하기

방법 2 $\quad 1\frac{4}{5}+\frac{3}{5}=\frac{9}{5}+\frac{3}{5}=\frac{12}{5}=2\frac{2}{5}$

가분수로 나타내기

● ☐ 안에 알맞은 수를 써넣으세요.

1 $\quad 4\frac{3}{4}+\frac{2}{4}=4+\dfrac{\boxed{}}{4}$

$\qquad = \boxed{} + \boxed{}\dfrac{\boxed{}}{4}$

$\qquad = \boxed{}\dfrac{\boxed{}}{4}$

3 $\quad \dfrac{4}{6}+1\frac{5}{6}=1+\dfrac{\boxed{}}{6}$

$\qquad = \boxed{} + \boxed{}\dfrac{\boxed{}}{6}$

$\qquad = \boxed{}\dfrac{\boxed{}}{6}$

2 $\quad 3\frac{4}{5}+\frac{4}{5}=3+\dfrac{\boxed{}}{5}$

$\qquad = \boxed{} + \boxed{}\dfrac{\boxed{}}{5}$

$\qquad = \boxed{}\dfrac{\boxed{}}{5}$

4 $\quad \dfrac{6}{7}+2\frac{4}{7}=2+\dfrac{\boxed{}}{7}$

$\qquad = \boxed{} + \boxed{}\dfrac{\boxed{}}{7}$

$\qquad = \boxed{}\dfrac{\boxed{}}{7}$

5 $4\dfrac{5}{8}+\dfrac{7}{8}=\dfrac{\boxed{}}{8}+\dfrac{7}{8}$

$\phantom{4\dfrac{5}{8}+\dfrac{7}{8}}=\dfrac{\boxed{}}{8}=\boxed{}\dfrac{\boxed{}}{8}$

6 $3\dfrac{5}{10}+\dfrac{8}{10}=\dfrac{\boxed{}}{10}+\dfrac{8}{10}$

$\phantom{3\dfrac{5}{10}+\dfrac{8}{10}}=\dfrac{\boxed{}}{10}=\boxed{}\dfrac{\boxed{}}{10}$

7 $2\dfrac{9}{14}+\dfrac{10}{14}=\dfrac{\boxed{}}{14}+\dfrac{10}{14}$

$\phantom{2\dfrac{9}{14}+\dfrac{10}{14}}=\dfrac{\boxed{}}{14}=\boxed{}\dfrac{\boxed{}}{14}$

8 $1\dfrac{8}{17}+\dfrac{15}{17}=\dfrac{\boxed{}}{17}+\dfrac{15}{17}$

$\phantom{1\dfrac{8}{17}+\dfrac{15}{17}}=\dfrac{\boxed{}}{17}=\boxed{}\dfrac{\boxed{}}{17}$

9 $\dfrac{18}{20}+3\dfrac{11}{20}=\dfrac{18}{20}+\dfrac{\boxed{}}{20}$

$\phantom{\dfrac{18}{20}+3\dfrac{11}{20}}=\dfrac{\boxed{}}{20}=\boxed{}\dfrac{\boxed{}}{20}$

10 $\dfrac{9}{23}+4\dfrac{20}{23}=\dfrac{9}{23}+\dfrac{\boxed{}}{23}$

$\phantom{\dfrac{9}{23}+4\dfrac{20}{23}}=\dfrac{\boxed{}}{23}=\boxed{}\dfrac{\boxed{}}{23}$

11 $\dfrac{20}{28}+2\dfrac{17}{28}=\dfrac{20}{28}+\dfrac{\boxed{}}{28}$

$\phantom{\dfrac{20}{28}+2\dfrac{17}{28}}=\dfrac{\boxed{}}{28}=\boxed{}\dfrac{\boxed{}}{28}$

12 $\dfrac{26}{32}+1\dfrac{19}{32}=\dfrac{26}{32}+\dfrac{\boxed{}}{32}$

$\phantom{\dfrac{26}{32}+1\dfrac{19}{32}}=\dfrac{\boxed{}}{32}$

$\phantom{\dfrac{26}{32}+1\dfrac{19}{32}}=\boxed{}\dfrac{\boxed{}}{32}$

13 $1\frac{3}{4} + \frac{3}{4} =$

14 $3\frac{4}{5} + \frac{2}{5} =$

15 $2\frac{3}{6} + \frac{4}{6} =$

16 $4\frac{1}{7} + \frac{4}{7} =$

17 $2\frac{4}{9} + \frac{8}{9} =$

18 $6\frac{7}{10} + \frac{6}{10} =$

19 $1\frac{2}{11} + \frac{8}{11} =$

20 $1\frac{8}{12} + \frac{5}{12} =$

21 $3\frac{7}{13} + \frac{11}{13} =$

22 $5\frac{6}{15} + \frac{13}{15} =$

23 $2\frac{5}{16} + \frac{2}{16} =$

24 $3\frac{13}{18} + \frac{10}{18} =$

25 $\dfrac{4}{19}+4\dfrac{2}{19}=$

31 $\dfrac{2}{27}+3\dfrac{26}{27}=$

26 $\dfrac{16}{20}+2\dfrac{5}{20}=$

32 $\dfrac{25}{29}+7\dfrac{20}{29}=$

27 $\dfrac{6}{21}+3\dfrac{20}{21}=$

33 $\dfrac{17}{30}+1\dfrac{2}{30}=$

28 $\dfrac{15}{22}+5\dfrac{18}{22}=$

34 $\dfrac{22}{33}+2\dfrac{19}{33}=$

29 $\dfrac{6}{24}+6\dfrac{11}{24}=$

35 $\dfrac{19}{35}+4\dfrac{27}{35}=$

30 $\dfrac{13}{25}+1\dfrac{14}{25}=$

36 $\dfrac{26}{39}+3\dfrac{31}{39}=$

(대분수)+(가분수), (가분수)+(대분수)

$1\frac{5}{6}+\frac{8}{6}$의 계산

자연수는 그대로 두기

방법 1 $1\frac{5}{6}+\frac{8}{6}=1+\frac{13}{6}=1+2\frac{1}{6}=3\frac{1}{6}$

분수끼리 더하기

분자끼리 더하기

방법 2 $1\frac{5}{6}+\frac{8}{6}=\frac{11}{6}+\frac{8}{6}=\frac{19}{6}=3\frac{1}{6}$

가분수로 나타내기

● ☐ 안에 알맞은 수를 써넣으세요.

1 $2\frac{2}{3}+\frac{5}{3}=2+\frac{\boxed{}}{3}$

$=\boxed{}+\boxed{}\frac{\boxed{}}{3}$

$=\boxed{}\frac{\boxed{}}{3}$

3 $\frac{6}{5}+1\frac{3}{5}=1+\frac{\boxed{}}{5}$

$=\boxed{}+\boxed{}\frac{\boxed{}}{5}$

$=\boxed{}\frac{\boxed{}}{5}$

2 $3\frac{3}{4}+\frac{7}{4}=3+\frac{\boxed{}}{4}$

$=\boxed{}+\boxed{}\frac{\boxed{}}{4}$

$=\boxed{}\frac{\boxed{}}{4}$

4 $\frac{11}{7}+4\frac{6}{7}=4+\frac{\boxed{}}{7}$

$=\boxed{}+\boxed{}\frac{\boxed{}}{7}$

$=\boxed{}\frac{\boxed{}}{7}$

5 $2\dfrac{7}{8}+\dfrac{11}{8}=\dfrac{\boxed{}}{8}+\dfrac{11}{8}$

$\qquad\qquad =\dfrac{\boxed{}}{8}=\boxed{}\dfrac{\boxed{}}{8}$

6 $4\dfrac{6}{9}+\dfrac{17}{9}=\dfrac{\boxed{}}{9}+\dfrac{17}{9}$

$\qquad\qquad =\dfrac{\boxed{}}{9}=\boxed{}\dfrac{\boxed{}}{9}$

7 $3\dfrac{8}{11}+\dfrac{18}{11}=\dfrac{\boxed{}}{11}+\dfrac{18}{11}$

$\qquad\qquad =\dfrac{\boxed{}}{11}=\boxed{}\dfrac{\boxed{}}{11}$

8 $1\dfrac{11}{16}+\dfrac{28}{16}=\dfrac{\boxed{}}{16}+\dfrac{28}{16}$

$\qquad\qquad =\dfrac{\boxed{}}{16}=\boxed{}\dfrac{\boxed{}}{16}$

9 $\dfrac{42}{22}+5\dfrac{9}{22}=\dfrac{42}{22}+\dfrac{\boxed{}}{22}$

$\qquad\qquad =\dfrac{\boxed{}}{22}=\boxed{}\dfrac{\boxed{}}{22}$

10 $\dfrac{49}{25}+2\dfrac{14}{25}=\dfrac{49}{25}+\dfrac{\boxed{}}{25}$

$\qquad\qquad =\dfrac{\boxed{}}{25}$

$\qquad\qquad =\boxed{}\dfrac{\boxed{}}{25}$

11 $\dfrac{46}{31}+1\dfrac{22}{31}=\dfrac{46}{31}+\dfrac{\boxed{}}{31}$

$\qquad\qquad =\dfrac{\boxed{}}{31}=\boxed{}\dfrac{\boxed{}}{31}$

12 $\dfrac{50}{37}+3\dfrac{32}{37}=\dfrac{50}{37}+\dfrac{\boxed{}}{37}$

$\qquad\qquad =\dfrac{\boxed{}}{37}=\boxed{}\dfrac{\boxed{}}{37}$

13 $1\dfrac{3}{4}+\dfrac{6}{4}=$

19 $2\dfrac{8}{10}+\dfrac{17}{10}=$

14 $4\dfrac{1}{5}+\dfrac{8}{5}=$

20 $4\dfrac{10}{11}+\dfrac{19}{11}=$

15 $3\dfrac{5}{6}+\dfrac{10}{6}=$

21 $3\dfrac{7}{12}+\dfrac{16}{12}=$

16 $2\dfrac{6}{7}+\dfrac{12}{7}=$

22 $5\dfrac{9}{13}+\dfrac{25}{13}=$

17 $4\dfrac{4}{8}+\dfrac{11}{8}=$

23 $4\dfrac{8}{14}+\dfrac{25}{14}=$

18 $1\dfrac{7}{9}+\dfrac{16}{9}=$

24 $2\dfrac{4}{15}+\dfrac{29}{15}=$

25 $\dfrac{20}{17} + 3\dfrac{15}{17} =$

26 $\dfrac{24}{18} + 1\dfrac{17}{18} =$

27 $\dfrac{31}{20} + 2\dfrac{6}{20} =$

28 $\dfrac{28}{21} + 4\dfrac{16}{21} =$

29 $\dfrac{40}{23} + 1\dfrac{17}{23} =$

30 $\dfrac{38}{24} + 2\dfrac{23}{24} =$

31 $\dfrac{28}{26} + 3\dfrac{12}{26} =$

32 $\dfrac{41}{27} + 4\dfrac{23}{27} =$

33 $\dfrac{52}{30} + 2\dfrac{5}{30} =$

34 $\dfrac{50}{32} + 1\dfrac{17}{32} =$

35 $\dfrac{49}{36} + 3\dfrac{28}{36} =$

36 $\dfrac{73}{40} + 2\dfrac{19}{40} =$

● 계산해 보세요.

1 $1\frac{1}{3} + 2\frac{1}{3} =$

2 $\frac{3}{5} + \frac{1}{5} =$

3 $1\frac{5}{6} + 2\frac{4}{6} =$

4 $2\frac{3}{7} + \frac{6}{7} =$

5 $\frac{8}{9} + \frac{6}{9} =$

6 $1\frac{7}{10} + \frac{12}{10} =$

7 $\frac{11}{12} + \frac{8}{12} =$

8 $\frac{11}{13} + 4\frac{9}{13} =$

9 $2\frac{7}{15} + 1\frac{4}{15} =$

10 $\frac{7}{16} + \frac{4}{16} =$

11 $3\frac{13}{18} + 1\frac{16}{18} =$

12 $4\frac{9}{20} + 1\frac{8}{20} =$

2

13 $\dfrac{15}{22} + \dfrac{16}{22} =$

19 $2\dfrac{19}{30} + \dfrac{18}{30} =$

14 $1\dfrac{15}{23} + 2\dfrac{16}{23} =$

20 $\dfrac{25}{32} + \dfrac{30}{32} =$

15 $\dfrac{46}{25} + 4\dfrac{12}{25} =$

21 $\dfrac{11}{34} + \dfrac{16}{34} =$

16 $\dfrac{5}{27} + 5\dfrac{14}{27} =$

22 $2\dfrac{17}{35} + 4\dfrac{31}{35} =$

17 $\dfrac{17}{28} + \dfrac{2}{28} =$

23 $\dfrac{52}{36} + 6\dfrac{31}{36} =$

18 $3\dfrac{28}{29} + \dfrac{42}{29} =$

24 $2\dfrac{15}{38} + 2\dfrac{16}{38} =$

>> 숨은 그림 8개를 찾아보세요.

분모가 같은
분수의 뺄셈

(진분수)-(진분수)

이렇게 계산해요

$\dfrac{2}{3}$

$\dfrac{1}{3}$

분자끼리 빼기

$\dfrac{2}{3} - \dfrac{1}{3} = \dfrac{2-1}{3} = \dfrac{1}{3}$

분모는 그대로 두기

● 그림을 보고 □ 안에 알맞은 수를 써넣으세요.

1 $\dfrac{3}{4}$

$\dfrac{2}{4}$

→ $\dfrac{3}{4} - \dfrac{2}{4} = \dfrac{\boxed{}}{4}$

2 $\dfrac{4}{5}$

$\dfrac{2}{5}$

→ $\dfrac{4}{5} - \dfrac{2}{5} = \dfrac{\boxed{}}{5}$

3 $\dfrac{5}{6}$

$\dfrac{4}{6}$

→ $\dfrac{5}{6} - \dfrac{4}{6} = \dfrac{\boxed{}}{6}$

4 $\dfrac{5}{7}$

$\dfrac{3}{7}$

→ $\dfrac{5}{7} - \dfrac{3}{7} = \dfrac{\boxed{}}{7}$

5 $\dfrac{5}{8}$

$\dfrac{2}{8}$

→ $\dfrac{5}{8} - \dfrac{2}{8} = \dfrac{\boxed{}}{8}$

6 $\dfrac{8}{9}$

$\dfrac{3}{9}$

→ $\dfrac{8}{9} - \dfrac{3}{9} = \dfrac{\boxed{}}{9}$

●□ 안에 알맞은 수를 써넣으세요.

7 $\dfrac{7}{10} - \dfrac{4}{10} = \dfrac{\boxed{} - \boxed{}}{10} = \dfrac{\boxed{}}{10}$

8 $\dfrac{10}{11} - \dfrac{2}{11} = \dfrac{\boxed{} - \boxed{}}{11} = \dfrac{\boxed{}}{11}$

9 $\dfrac{9}{14} - \dfrac{4}{14} = \dfrac{\boxed{} - \boxed{}}{14} = \dfrac{\boxed{}}{14}$

10 $\dfrac{12}{17} - \dfrac{10}{17} = \dfrac{\boxed{} - \boxed{}}{17} = \dfrac{\boxed{}}{17}$

11 $\dfrac{9}{18} - \dfrac{2}{18} = \dfrac{\boxed{} - \boxed{}}{18} = \dfrac{\boxed{}}{18}$

12 $\dfrac{17}{21} - \dfrac{6}{21} = \dfrac{\boxed{} - \boxed{}}{21} = \dfrac{\boxed{}}{21}$

13 $\dfrac{8}{23} - \dfrac{1}{23} = \dfrac{\boxed{} - \boxed{}}{23} = \dfrac{\boxed{}}{23}$

14 $\dfrac{19}{26} - \dfrac{4}{26} = \dfrac{\boxed{} - \boxed{}}{26} = \dfrac{\boxed{}}{26}$

15 $\dfrac{21}{29} - \dfrac{5}{29} = \dfrac{\boxed{} - \boxed{}}{29} = \dfrac{\boxed{}}{29}$

16 $\dfrac{11}{32} - \dfrac{6}{32} = \dfrac{\boxed{} - \boxed{}}{32} = \dfrac{\boxed{}}{32}$

17 $\dfrac{17}{35} - \dfrac{13}{35} = \dfrac{\boxed{} - \boxed{}}{35} = \dfrac{\boxed{}}{35}$

18 $\dfrac{23}{38} - \dfrac{16}{38} = \dfrac{\boxed{} - \boxed{}}{38} = \dfrac{\boxed{}}{38}$

3

19 $\dfrac{2}{4} - \dfrac{1}{4} =$

20 $\dfrac{3}{5} - \dfrac{1}{5} =$

21 $\dfrac{4}{6} - \dfrac{1}{6} =$

22 $\dfrac{6}{7} - \dfrac{2}{7} =$

23 $\dfrac{7}{9} - \dfrac{3}{9} =$

24 $\dfrac{8}{11} - \dfrac{2}{11} =$

25 $\dfrac{10}{12} - \dfrac{5}{12} =$

26 $\dfrac{7}{13} - \dfrac{1}{13} =$

27 $\dfrac{12}{15} - \dfrac{4}{15} =$

28 $\dfrac{9}{16} - \dfrac{2}{16} =$

29 $\dfrac{11}{17} - \dfrac{2}{17} =$

30 $\dfrac{13}{18} - \dfrac{6}{18} =$

3

31 $\dfrac{15}{19} - \dfrac{7}{19} =$

32 $\dfrac{16}{20} - \dfrac{5}{20} =$

33 $\dfrac{9}{22} - \dfrac{6}{22} =$

34 $\dfrac{17}{24} - \dfrac{10}{24} =$

35 $\dfrac{24}{25} - \dfrac{7}{25} =$

36 $\dfrac{13}{27} - \dfrac{6}{27} =$

37 $\dfrac{12}{28} - \dfrac{7}{28} =$

38 $\dfrac{19}{30} - \dfrac{8}{30} =$

39 $\dfrac{14}{31} - \dfrac{4}{31} =$

40 $\dfrac{8}{33} - \dfrac{2}{33} =$

41 $\dfrac{26}{37} - \dfrac{5}{37} =$

42 $\dfrac{11}{40} - \dfrac{2}{40} =$

이렇게
계산해요

$2\dfrac{4}{6}$

$1\dfrac{3}{6}$

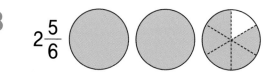

자연수끼리 빼기

$2\dfrac{4}{6} - 1\dfrac{3}{6} = 1\dfrac{1}{6}$

진분수끼리 빼기

● 그림을 보고 ▢ 안에 알맞은 수를 써넣으세요.

1 $2\dfrac{2}{3}$

$1\dfrac{1}{3}$

→ $2\dfrac{2}{3} - 1\dfrac{1}{3} = \boxed{}\dfrac{\boxed{}}{3}$

3 $2\dfrac{5}{6}$

$1\dfrac{3}{6}$

→ $2\dfrac{5}{6} - 1\dfrac{3}{6} = \boxed{}\dfrac{\boxed{}}{6}$

2 $1\dfrac{2}{5}$

$1\dfrac{1}{5}$

→ $1\dfrac{2}{5} - 1\dfrac{1}{5} = \dfrac{\boxed{}}{5}$

4 $2\dfrac{5}{8}$

$2\dfrac{1}{8}$

→ $2\dfrac{5}{8} - 2\dfrac{1}{8} = \dfrac{\boxed{}}{8}$

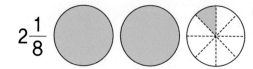

● □ 안에 알맞은 수를 써넣으세요.

5   $3\dfrac{8}{10} - 1\dfrac{7}{10} = \boxed{} + \dfrac{\boxed{}}{10}$

                   $= \boxed{}\dfrac{\boxed{}}{10}$

9   $3\dfrac{13}{25} - 2\dfrac{7}{25} = \boxed{} + \dfrac{\boxed{}}{25}$

                   $= \boxed{}\dfrac{\boxed{}}{25}$

6   $4\dfrac{5}{14} - 3\dfrac{3}{14} = \boxed{} + \dfrac{\boxed{}}{14}$

                   $= \boxed{}\dfrac{\boxed{}}{14}$

10   $6\dfrac{25}{28} - 1\dfrac{10}{28} = \boxed{} + \dfrac{\boxed{}}{28}$

                   $= \boxed{}\dfrac{\boxed{}}{28}$

7   $2\dfrac{6}{17} - 1\dfrac{1}{17} = \boxed{} + \dfrac{\boxed{}}{17}$

                   $= \boxed{}\dfrac{\boxed{}}{17}$

11   $4\dfrac{17}{32} - 2\dfrac{6}{32} = \boxed{} + \dfrac{\boxed{}}{32}$

                   $= \boxed{}\dfrac{\boxed{}}{32}$

8   $5\dfrac{11}{21} - 3\dfrac{1}{21} = \boxed{} + \dfrac{\boxed{}}{21}$

                   $= \boxed{}\dfrac{\boxed{}}{21}$

12   $5\dfrac{31}{37} - 4\dfrac{16}{37} = \boxed{} + \dfrac{\boxed{}}{37}$

                   $= \boxed{}\dfrac{\boxed{}}{37}$

13 $4\dfrac{2}{3}-1\dfrac{1}{3}=$

14 $5\dfrac{3}{4}-4\dfrac{2}{4}=$

15 $2\dfrac{4}{5}-1\dfrac{2}{5}=$

16 $3\dfrac{6}{7}-1\dfrac{3}{7}=$

17 $4\dfrac{7}{8}-2\dfrac{4}{8}=$

18 $6\dfrac{7}{9}-6\dfrac{2}{9}=$

19 $5\dfrac{7}{10}-1\dfrac{6}{10}=$

20 $3\dfrac{9}{11}-1\dfrac{6}{11}=$

21 $4\dfrac{8}{12}-3\dfrac{3}{12}=$

22 $2\dfrac{7}{13}-1\dfrac{6}{13}=$

23 $6\dfrac{12}{15}-4\dfrac{5}{15}=$

24 $5\dfrac{15}{16}-4\dfrac{10}{16}=$

25 $3\frac{12}{18} - 1\frac{11}{18} =$

26 $2\frac{18}{19} - 1\frac{10}{19} =$

27 $4\frac{9}{20} - 2\frac{6}{20} =$

28 $5\frac{4}{22} - 4\frac{1}{22} =$

29 $3\frac{18}{23} - 2\frac{10}{23} =$

30 $4\frac{17}{26} - 1\frac{12}{26} =$

31 $6\frac{22}{27} - 3\frac{14}{27} =$

32 $5\frac{25}{29} - 1\frac{16}{29} =$

33 $2\frac{11}{30} - 1\frac{4}{30} =$

34 $3\frac{22}{33} - 2\frac{6}{33} =$

35 $4\frac{16}{35} - 1\frac{8}{35} =$

36 $5\frac{21}{40} - 4\frac{8}{40} =$

1-(진분수)

이렇게
계산해요

$$1 - \frac{3}{4} = \frac{4}{4} - \frac{3}{4} = \frac{1}{4}$$

1을 가분수로 나타내기   분자끼리 빼기

분모는 그대로 두기

● 그림을 보고 ☐ 안에 알맞은 수를 써넣으세요.

1   1

      $\dfrac{1}{2}$

→ $1 - \dfrac{1}{2} = \dfrac{\boxed{}}{2}$

2   1

      $\dfrac{1}{3}$

→ $1 - \dfrac{1}{3} = \dfrac{\boxed{}}{3}$

3   1

      $\dfrac{3}{5}$

→ $1 - \dfrac{3}{5} = \dfrac{\boxed{}}{5}$

4   1

      $\dfrac{2}{6}$

→ $1 - \dfrac{2}{6} = \dfrac{\boxed{}}{6}$

5   1

      $\dfrac{2}{7}$

→ $1 - \dfrac{2}{7} = \dfrac{\boxed{}}{7}$

6   1

      $\dfrac{7}{8}$

→ $1 - \dfrac{7}{8} = \dfrac{\boxed{}}{8}$

● ☐ 안에 알맞은 수를 써넣으세요.

7   $1 - \dfrac{5}{9} = \dfrac{\boxed{}}{9} - \dfrac{5}{9} = \dfrac{\boxed{}}{9}$

13   $1 - \dfrac{9}{22} = \dfrac{\boxed{}}{22} - \dfrac{9}{22} = \dfrac{\boxed{}}{22}$

8   $1 - \dfrac{1}{10} = \dfrac{\boxed{}}{10} - \dfrac{1}{10} = \dfrac{\boxed{}}{10}$

14   $1 - \dfrac{6}{25} = \dfrac{\boxed{}}{25} - \dfrac{6}{25} = \dfrac{\boxed{}}{25}$

9   $1 - \dfrac{7}{12} = \dfrac{\boxed{}}{12} - \dfrac{7}{12} = \dfrac{\boxed{}}{12}$

15   $1 - \dfrac{16}{29} = \dfrac{\boxed{}}{29} - \dfrac{16}{29} = \dfrac{\boxed{}}{29}$

10   $1 - \dfrac{5}{14} = \dfrac{\boxed{}}{14} - \dfrac{5}{14} = \dfrac{\boxed{}}{14}$

16   $1 - \dfrac{27}{32} = \dfrac{\boxed{}}{32} - \dfrac{27}{32} = \dfrac{\boxed{}}{32}$

11   $1 - \dfrac{3}{17} = \dfrac{\boxed{}}{17} - \dfrac{3}{17} = \dfrac{\boxed{}}{17}$

17   $1 - \dfrac{28}{36} = \dfrac{\boxed{}}{36} - \dfrac{28}{36} = \dfrac{\boxed{}}{36}$

12   $1 - \dfrac{11}{21} = \dfrac{\boxed{}}{21} - \dfrac{11}{21} = \dfrac{\boxed{}}{21}$

18   $1 - \dfrac{27}{38} = \dfrac{\boxed{}}{38} - \dfrac{27}{38} = \dfrac{\boxed{}}{38}$

3

19 $1 - \dfrac{2}{3} =$

20 $1 - \dfrac{1}{4} =$

21 $1 - \dfrac{2}{5} =$

22 $1 - \dfrac{3}{6} =$

23 $1 - \dfrac{3}{7} =$

24 $1 - \dfrac{2}{9} =$

25 $1 - \dfrac{8}{11} =$

26 $1 - \dfrac{6}{13} =$

27 $1 - \dfrac{9}{14} =$

28 $1 - \dfrac{11}{15} =$

29 $1 - \dfrac{5}{16} =$

30 $1 - \dfrac{13}{18} =$

31 $1 - \dfrac{7}{19} =$

32 $1 - \dfrac{13}{20} =$

33 $1 - \dfrac{17}{21} =$

34 $1 - \dfrac{13}{23} =$

35 $1 - \dfrac{11}{24} =$

36 $1 - \dfrac{25}{26} =$

37 $1 - \dfrac{11}{27} =$

38 $1 - \dfrac{9}{28} =$

39 $1 - \dfrac{7}{30} =$

40 $1 - \dfrac{23}{33} =$

41 $1 - \dfrac{17}{35} =$

42 $1 - \dfrac{19}{40} =$

(자연수)−(진분수)

$3-\dfrac{2}{5}$ 의 계산

자연수에서 1만큼을 가분수로 나타내기

방법 1 $3-\dfrac{2}{5}=2\dfrac{5}{5}-\dfrac{2}{5}=2\dfrac{3}{5}$

분수끼리 빼기

분자끼리 빼기

방법 2 $3-\dfrac{2}{5}=\dfrac{15}{5}-\dfrac{2}{5}=\dfrac{13}{5}=2\dfrac{3}{5}$

가분수로 나타내기   대분수로 나타내기

□ 안에 알맞은 수를 써넣으세요.

1 $2-\dfrac{2}{3}=1\dfrac{\square}{3}-\dfrac{2}{3}=\dfrac{\square}{\square}{3}$

4 $6-\dfrac{4}{7}=5\dfrac{\square}{7}-\dfrac{4}{7}=\dfrac{\square}{\square}{7}$

2 $5-\dfrac{4}{5}=4\dfrac{\square}{5}-\dfrac{4}{5}=\dfrac{\square}{\square}{5}$

5 $3-\dfrac{5}{8}=2\dfrac{\square}{8}-\dfrac{5}{8}=\dfrac{\square}{\square}{8}$

3 $4-\dfrac{1}{6}=3\dfrac{\square}{6}-\dfrac{1}{6}=\dfrac{\square}{\square}{6}$

6 $7-\dfrac{1}{9}=6\dfrac{\square}{9}-\dfrac{1}{9}=\dfrac{\square}{\square}{9}$

7 $3 - \dfrac{4}{11} = \dfrac{\boxed{}}{11} - \dfrac{4}{11}$

$= \dfrac{\boxed{}}{11} = \boxed{}\dfrac{\boxed{}}{11}$

8 $5 - \dfrac{7}{13} = \dfrac{\boxed{}}{13} - \dfrac{7}{13}$

$= \dfrac{\boxed{}}{13} = \boxed{}\dfrac{\boxed{}}{13}$

9 $2 - \dfrac{5}{16} = \dfrac{\boxed{}}{16} - \dfrac{5}{16}$

$= \dfrac{\boxed{}}{16} = \boxed{}\dfrac{\boxed{}}{16}$

10 $4 - \dfrac{7}{22} = \dfrac{\boxed{}}{22} - \dfrac{7}{22}$

$= \dfrac{\boxed{}}{22} = \boxed{}\dfrac{\boxed{}}{22}$

11 $6 - \dfrac{12}{25} = \dfrac{\boxed{}}{25} - \dfrac{12}{25}$

$= \dfrac{\boxed{}}{25} = \boxed{}\dfrac{\boxed{}}{25}$

12 $5 - \dfrac{19}{26} = \dfrac{\boxed{}}{26} - \dfrac{19}{26}$

$= \dfrac{\boxed{}}{26} = \boxed{}\dfrac{\boxed{}}{26}$

13 $3 - \dfrac{8}{31} = \dfrac{\boxed{}}{31} - \dfrac{8}{31}$

$= \dfrac{\boxed{}}{31} = \boxed{}\dfrac{\boxed{}}{31}$

14 $2 - \dfrac{11}{38} = \dfrac{\boxed{}}{38} - \dfrac{11}{38}$

$= \dfrac{\boxed{}}{38} = \boxed{}\dfrac{\boxed{}}{38}$

15 $3 - \dfrac{3}{4} =$

16 $2 - \dfrac{3}{5} =$

17 $5 - \dfrac{5}{6} =$

18 $4 - \dfrac{2}{7} =$

19 $3 - \dfrac{7}{8} =$

20 $2 - \dfrac{4}{9} =$

21 $6 - \dfrac{7}{10} =$

22 $5 - \dfrac{7}{12} =$

23 $4 - \dfrac{9}{14} =$

24 $2 - \dfrac{11}{15} =$

25 $7 - \dfrac{3}{17} =$

26 $3 - \dfrac{7}{18} =$

3

27   $4 - \dfrac{13}{19} =$

28   $2 - \dfrac{9}{20} =$

29   $5 - \dfrac{8}{21} =$

30   $6 - \dfrac{15}{23} =$

31   $3 - \dfrac{11}{25} =$

32   $2 - \dfrac{15}{26} =$

33   $4 - \dfrac{10}{27} =$

34   $5 - \dfrac{11}{30} =$

35   $3 - \dfrac{23}{32} =$

36   $2 - \dfrac{26}{33} =$

37   $6 - \dfrac{8}{35} =$

38   $4 - \dfrac{19}{40} =$

이렇게
계산해요

$4-1\dfrac{2}{3}$의 계산

자연수에서 1만큼을
가분수로 나타내기   분수끼리 빼기

방법 1 $4-1\dfrac{2}{3}=3\dfrac{3}{3}-1\dfrac{2}{3}=2\dfrac{1}{3}$

자연수끼리 빼기

분자끼리 빼기

방법 2 $4-1\dfrac{2}{3}=\dfrac{12}{3}-\dfrac{5}{3}=\dfrac{7}{3}=2\dfrac{1}{3}$

(가분수)−(가분수)로 바꾸기

● ☐ 안에 알맞은 수를 써넣으세요.

1 $3-1\dfrac{1}{2}=2\dfrac{\square}{2}-1\dfrac{1}{2}$

$=\square\dfrac{\square}{2}$

4 $5-1\dfrac{5}{6}=4\dfrac{\square}{6}-1\dfrac{5}{6}$

$=\square\dfrac{\square}{6}$

2 $2-1\dfrac{3}{4}=1\dfrac{\square}{4}-1\dfrac{3}{4}=\dfrac{\square}{4}$

5 $3-2\dfrac{2}{7}=2\dfrac{\square}{7}-2\dfrac{2}{7}=\dfrac{\square}{7}$

3 $4-1\dfrac{2}{5}=3\dfrac{\square}{5}-1\dfrac{2}{5}$

$=\square\dfrac{\square}{5}$

6 $4-1\dfrac{3}{8}=3\dfrac{\square}{8}-1\dfrac{3}{8}$

$=\square\dfrac{\square}{8}$

7 $6 - 3\frac{7}{10} = \dfrac{\boxed{}}{10} - \dfrac{\boxed{}}{10}$

$\quad = \dfrac{\boxed{}}{10} = \boxed{}\dfrac{\boxed{}}{10}$

11 $5 - 3\frac{8}{23} = \dfrac{\boxed{}}{23} - \dfrac{\boxed{}}{23}$

$\quad = \dfrac{\boxed{}}{23} = \boxed{}\dfrac{\boxed{}}{23}$

8 $5 - 3\frac{7}{12} = \dfrac{\boxed{}}{12} - \dfrac{\boxed{}}{12}$

$\quad = \dfrac{\boxed{}}{12} = \boxed{}\dfrac{\boxed{}}{12}$

12 $6 - 4\frac{13}{27} = \dfrac{\boxed{}}{27} - \dfrac{\boxed{}}{27}$

$\quad = \dfrac{\boxed{}}{27} = \boxed{}\dfrac{\boxed{}}{27}$

9 $2 - 1\frac{9}{14} = \dfrac{\boxed{}}{14} - \dfrac{\boxed{}}{14}$

$\quad = \dfrac{\boxed{}}{14}$

13 $3 - 1\frac{9}{32} = \dfrac{\boxed{}}{32} - \dfrac{\boxed{}}{32}$

$\quad = \dfrac{\boxed{}}{32} = \boxed{}\dfrac{\boxed{}}{32}$

10 $4 - 2\frac{7}{20} = \dfrac{\boxed{}}{20} - \dfrac{\boxed{}}{20}$

$\quad = \dfrac{\boxed{}}{20} = \boxed{}\dfrac{\boxed{}}{20}$

14 $4 - 3\frac{27}{38} = \dfrac{\boxed{}}{38} - \dfrac{\boxed{}}{38}$

$\quad = \dfrac{\boxed{}}{38}$

15 $5 - 3\dfrac{1}{3} =$

16 $4 - 2\dfrac{3}{4} =$

17 $3 - 1\dfrac{1}{5} =$

18 $6 - 3\dfrac{2}{6} =$

19 $2 - 1\dfrac{5}{7} =$

20 $4 - 2\dfrac{1}{8} =$

21 $5 - 4\dfrac{5}{9} =$

22 $3 - 1\dfrac{4}{11} =$

23 $6 - 5\dfrac{8}{13} =$

24 $4 - 1\dfrac{7}{15} =$

25 $5 - 2\dfrac{9}{16} =$

26 $2 - 1\dfrac{2}{17} =$

3

27 $3-1\dfrac{13}{18}=$

28 $4-2\dfrac{11}{19}=$

29 $5-2\dfrac{16}{21}=$

30 $6-2\dfrac{7}{22}=$

31 $4-1\dfrac{17}{24}=$

32 $5-1\dfrac{17}{25}=$

33 $2-1\dfrac{15}{26}=$

34 $3-2\dfrac{15}{28}=$

35 $4-1\dfrac{19}{30}=$

36 $5-1\dfrac{25}{34}=$

37 $2-1\dfrac{7}{36}=$

38 $6-3\dfrac{23}{40}=$

이렇게
계산해요

$3-\dfrac{3}{2}$의 계산

자연수에서 1만큼을 가분수로 나타내기

방법 1 $3-\dfrac{3}{2}=2\dfrac{2}{2}-1\dfrac{1}{2}=1\dfrac{1}{2}$

대분수로 나타내기

분자끼리 빼기

방법 2 $3-\dfrac{3}{2}=\dfrac{6}{2}-\dfrac{3}{2}=\dfrac{3}{2}=1\dfrac{1}{2}$

가분수로 나타내기

● ☐ 안에 알맞은 수를 써넣으세요.

1 $4-\dfrac{7}{3}=3\dfrac{\boxed{}}{3}-\boxed{}\dfrac{\boxed{}}{3}$

$=\boxed{}\dfrac{\boxed{}}{3}$

2 $6-\dfrac{12}{5}=5\dfrac{\boxed{}}{5}-\boxed{}\dfrac{\boxed{}}{5}$

$=\boxed{}\dfrac{\boxed{}}{5}$

3 $5-\dfrac{16}{7}=4\dfrac{\boxed{}}{7}-\boxed{}\dfrac{\boxed{}}{7}$

$=\boxed{}\dfrac{\boxed{}}{7}$

4 $2-\dfrac{13}{8}=1\dfrac{\boxed{}}{8}-\boxed{}\dfrac{\boxed{}}{8}$

$=\dfrac{\boxed{}}{8}$

5 $6-\dfrac{17}{10}=5\dfrac{\boxed{}}{10}-\boxed{}\dfrac{\boxed{}}{10}$

$=\boxed{}\dfrac{\boxed{}}{10}$

6 $3-\dfrac{15}{14}=2\dfrac{\boxed{}}{14}-\boxed{}\dfrac{\boxed{}}{14}$

$=\boxed{}\dfrac{\boxed{}}{14}$

7 $4 - \dfrac{31}{15} = \dfrac{\boxed{}}{15} - \dfrac{31}{15}$

$ = \dfrac{\boxed{}}{15} = \boxed{}\dfrac{\boxed{}}{15}$

8 $2 - \dfrac{35}{18} = \dfrac{\boxed{}}{18} - \dfrac{35}{18}$

$ = \dfrac{\boxed{}}{18}$

9 $5 - \dfrac{31}{20} = \dfrac{\boxed{}}{20} - \dfrac{31}{20}$

$ = \dfrac{\boxed{}}{20} = \boxed{}\dfrac{\boxed{}}{20}$

10 $4 - \dfrac{49}{22} = \dfrac{\boxed{}}{22} - \dfrac{49}{22}$

$ = \dfrac{\boxed{}}{22} = \boxed{}\dfrac{\boxed{}}{22}$

11 $6 - \dfrac{105}{26} = \dfrac{\boxed{}}{26} - \dfrac{105}{26}$

$ = \dfrac{\boxed{}}{26} = \boxed{}\dfrac{\boxed{}}{26}$

12 $3 - \dfrac{30}{29} = \dfrac{\boxed{}}{29} - \dfrac{30}{29}$

$ = \dfrac{\boxed{}}{29} = \boxed{}\dfrac{\boxed{}}{29}$

13 $4 - \dfrac{37}{30} = \dfrac{\boxed{}}{30} - \dfrac{37}{30}$

$ = \dfrac{\boxed{}}{30} = \boxed{}\dfrac{\boxed{}}{30}$

14 $5 - \dfrac{74}{35} = \dfrac{\boxed{}}{35} - \dfrac{74}{35}$

$ = \dfrac{\boxed{}}{35} = \boxed{}\dfrac{\boxed{}}{35}$

15 $2 - \dfrac{5}{3} =$

16 $5 - \dfrac{11}{4} =$

17 $4 - \dfrac{14}{5} =$

18 $3 - \dfrac{7}{6} =$

19 $4 - \dfrac{15}{8} =$

20 $6 - \dfrac{28}{9} =$

21 $5 - \dfrac{47}{11} =$

22 $3 - \dfrac{17}{12} =$

23 $2 - \dfrac{15}{13} =$

24 $7 - \dfrac{37}{16} =$

25 $5 - \dfrac{22}{17} =$

26 $4 - \dfrac{28}{19} =$

3

27 $3-\dfrac{27}{20}=$

28 $6-\dfrac{44}{21}=$

29 $5-\dfrac{61}{23}=$

30 $2-\dfrac{37}{24}=$

31 $4-\dfrac{74}{25}=$

32 $6-\dfrac{50}{27}=$

33 $3-\dfrac{33}{28}=$

34 $5-\dfrac{41}{31}=$

35 $2-\dfrac{51}{32}=$

36 $7-\dfrac{91}{34}=$

37 $6-\dfrac{55}{37}=$

38 $4-\dfrac{67}{40}=$

이렇게 계산해요

$2\frac{1}{4}-\frac{3}{4}$의 계산

자연수에서 1만큼을 가분수로 나타내기 분수끼리 빼기

방법 1 $2\frac{1}{4}-\frac{3}{4}=1\frac{5}{4}-\frac{3}{4}=1\frac{2}{4}$

자연수는 그대로 두기

분자끼리 빼기

방법 2 $2\frac{1}{4}-\frac{3}{4}=\frac{9}{4}-\frac{3}{4}=\frac{6}{4}=1\frac{2}{4}$

가분수로 나타내기

● ☐ 안에 알맞은 수를 써넣으세요.

1 $4\frac{2}{5}-\frac{1}{5}=\boxed{}\dfrac{\boxed{}}{5}$

2 $3\frac{1}{6}-\frac{5}{6}=2\dfrac{\boxed{}}{6}-\dfrac{\boxed{}}{6}$

$=\boxed{}\dfrac{\boxed{}}{6}$

3 $5\frac{2}{7}-\frac{6}{7}=4\dfrac{\boxed{}}{7}-\dfrac{\boxed{}}{7}$

$=\boxed{}\dfrac{\boxed{}}{7}$

4 $7\frac{3}{8}-\frac{1}{8}=\boxed{}\dfrac{\boxed{}}{8}$

5 $6\frac{4}{9}-\frac{5}{9}=5\dfrac{\boxed{}}{9}-\dfrac{\boxed{}}{9}$

$=\boxed{}\dfrac{\boxed{}}{9}$

6 $2\frac{1}{10}-\frac{4}{10}=1\dfrac{\boxed{}}{10}-\dfrac{\boxed{}}{10}$

$=\boxed{}\dfrac{\boxed{}}{10}$

3

7 $4\dfrac{7}{13} - \dfrac{11}{13} = \dfrac{\boxed{}}{13} - \dfrac{11}{13}$

$= \dfrac{\boxed{}}{13} = \boxed{}\dfrac{\boxed{}}{13}$

8 $6\dfrac{7}{16} - \dfrac{10}{16} = \dfrac{\boxed{}}{16} - \dfrac{10}{16}$

$= \dfrac{\boxed{}}{16} = \boxed{}\dfrac{\boxed{}}{16}$

9 $3\dfrac{1}{18} - \dfrac{14}{18} = \dfrac{\boxed{}}{18} - \dfrac{14}{18}$

$= \dfrac{\boxed{}}{18} = \boxed{}\dfrac{\boxed{}}{18}$

10 $7\dfrac{3}{20} - \dfrac{12}{20} = \dfrac{\boxed{}}{20} - \dfrac{12}{20}$

$= \dfrac{\boxed{}}{20}$

$= \boxed{}\dfrac{\boxed{}}{20}$

11 $4\dfrac{7}{23} - \dfrac{22}{23} = \dfrac{\boxed{}}{23} - \dfrac{22}{23}$

$= \dfrac{\boxed{}}{23} = \boxed{}\dfrac{\boxed{}}{23}$

12 $2\dfrac{1}{27} - \dfrac{5}{27} = \dfrac{\boxed{}}{27} - \dfrac{5}{27}$

$= \dfrac{\boxed{}}{27} = \boxed{}\dfrac{\boxed{}}{27}$

13 $5\dfrac{6}{31} - \dfrac{30}{31} = \dfrac{\boxed{}}{31} - \dfrac{30}{31}$

$= \dfrac{\boxed{}}{31} = \boxed{}\dfrac{\boxed{}}{31}$

14 $3\dfrac{13}{36} - \dfrac{30}{36} = \dfrac{\boxed{}}{36} - \dfrac{30}{36}$

$= \dfrac{\boxed{}}{36}$

$= \boxed{}\dfrac{\boxed{}}{36}$

15 $3\dfrac{1}{3} - \dfrac{2}{3} =$

21 $8\dfrac{3}{9} - \dfrac{5}{9} =$

16 $5\dfrac{2}{4} - \dfrac{1}{4} =$

22 $4\dfrac{9}{11} - \dfrac{7}{11} =$

17 $7\dfrac{3}{5} - \dfrac{4}{5} =$

23 $6\dfrac{4}{12} - \dfrac{9}{12} =$

18 $4\dfrac{1}{6} - \dfrac{2}{6} =$

24 $5\dfrac{3}{14} - \dfrac{12}{14} =$

19 $2\dfrac{4}{7} - \dfrac{2}{7} =$

25 $3\dfrac{11}{15} - \dfrac{13}{15} =$

20 $5\dfrac{4}{8} - \dfrac{7}{8} =$

26 $7\dfrac{6}{17} - \dfrac{13}{17} =$

27 $2\dfrac{10}{19} - \dfrac{16}{19} =$

33 $3\dfrac{25}{28} - \dfrac{20}{28} =$

28 $4\dfrac{16}{21} - \dfrac{20}{21} =$

34 $4\dfrac{2}{29} - \dfrac{5}{29} =$

29 $6\dfrac{15}{22} - \dfrac{8}{22} =$

35 $2\dfrac{6}{30} - \dfrac{13}{30} =$

30 $5\dfrac{9}{24} - \dfrac{20}{24} =$

36 $6\dfrac{9}{32} - \dfrac{4}{32} =$

31 $7\dfrac{7}{25} - \dfrac{21}{25} =$

37 $8\dfrac{14}{35} - \dfrac{22}{35} =$

32 $5\dfrac{12}{26} - \dfrac{19}{26} =$

38 $7\dfrac{19}{40} - \dfrac{22}{40} =$

(대분수)−(대분수)

: 진분수끼리 뺄 수 없는 경우

이렇게 계산해요

$3\frac{2}{5}-1\frac{4}{5}$ 의 계산

자연수에서 1만큼을
가분수로 나타내기　분수끼리 빼기

방법 1　$3\frac{2}{5}-1\frac{4}{5}=2\frac{7}{5}-1\frac{4}{5}=1\frac{3}{5}$

자연수끼리 빼기

분자끼리 빼기

방법 2　$3\frac{2}{5}-1\frac{4}{5}=\frac{17}{5}-\frac{9}{5}=\frac{8}{5}=1\frac{3}{5}$

(가분수)−(가분수)로 바꾸기

◆ ☐ 안에 알맞은 수를 써넣으세요.

1 $3\frac{1}{3}-1\frac{2}{3}=2\frac{\boxed{}}{3}-1\frac{2}{3}$

$=\boxed{}\frac{\boxed{}}{3}$

2 $5\frac{1}{4}-2\frac{2}{4}=4\frac{\boxed{}}{4}-2\frac{2}{4}$

$=\boxed{}\frac{\boxed{}}{4}$

3 $4\frac{1}{6}-2\frac{2}{6}=3\frac{\boxed{}}{6}-2\frac{2}{6}$

$=\boxed{}\frac{\boxed{}}{6}$

4 $2\frac{1}{7}-1\frac{5}{7}=1\frac{\boxed{}}{7}-1\frac{5}{7}$

$=\frac{\boxed{}}{7}$

5 $5\frac{1}{8}-1\frac{5}{8}=4\frac{\boxed{}}{8}-1\frac{5}{8}$

$=\boxed{}\frac{\boxed{}}{8}$

6 $3\frac{4}{9}-1\frac{5}{9}=2\frac{\boxed{}}{9}-1\frac{5}{9}$

$=\boxed{}\frac{\boxed{}}{9}$

7 $4\dfrac{8}{15} - 3\dfrac{12}{15} = \dfrac{\boxed{}}{15} - \dfrac{\boxed{}}{15}$

$\qquad\qquad\qquad = \dfrac{\boxed{}}{15}$

8 $6\dfrac{4}{17} - 2\dfrac{11}{17}$

$\quad = \dfrac{\boxed{}}{17} - \dfrac{\boxed{}}{17}$

$\quad = \dfrac{\boxed{}}{17} = \boxed{}\dfrac{\boxed{}}{17}$

9 $5\dfrac{1}{19} - 1\dfrac{4}{19}$

$\quad = \dfrac{\boxed{}}{19} - \dfrac{\boxed{}}{19}$

$\quad = \dfrac{\boxed{}}{19} = \boxed{}\dfrac{\boxed{}}{19}$

10 $3\dfrac{7}{22} - 1\dfrac{10}{22}$

$\quad = \dfrac{\boxed{}}{22} - \dfrac{\boxed{}}{22}$

$\quad = \dfrac{\boxed{}}{22} = \boxed{}\dfrac{\boxed{}}{22}$

11 $2\dfrac{5}{26} - 1\dfrac{20}{26} = \dfrac{\boxed{}}{26} - \dfrac{\boxed{}}{26}$

$\qquad\qquad\qquad = \dfrac{\boxed{}}{26}$

12 $7\dfrac{13}{28} - 3\dfrac{24}{28}$

$\quad = \dfrac{\boxed{}}{28} - \dfrac{\boxed{}}{28}$

$\quad = \dfrac{\boxed{}}{28} = \boxed{}\dfrac{\boxed{}}{28}$

13 $4\dfrac{6}{35} - 1\dfrac{19}{35}$

$\quad = \dfrac{\boxed{}}{35} - \dfrac{\boxed{}}{35}$

$\quad = \dfrac{\boxed{}}{35} = \boxed{}\dfrac{\boxed{}}{35}$

14 $5\dfrac{14}{37} - 3\dfrac{30}{37}$

$\quad = \dfrac{\boxed{}}{37} - \dfrac{\boxed{}}{37}$

$\quad = \dfrac{\boxed{}}{37} = \boxed{}\dfrac{\boxed{}}{37}$

3

15 $2\dfrac{1}{4} - 1\dfrac{3}{4} =$

16 $4\dfrac{3}{5} - 2\dfrac{4}{5} =$

17 $7\dfrac{3}{6} - 3\dfrac{4}{6} =$

18 $5\dfrac{4}{7} - 2\dfrac{5}{7} =$

19 $3\dfrac{1}{8} - 1\dfrac{6}{8} =$

20 $6\dfrac{2}{9} - 4\dfrac{7}{9} =$

21 $4\dfrac{5}{10} - 2\dfrac{8}{10} =$

22 $5\dfrac{4}{11} - 3\dfrac{6}{11} =$

23 $7\dfrac{8}{13} - 1\dfrac{11}{13} =$

24 $3\dfrac{2}{14} - 1\dfrac{11}{14} =$

25 $6\dfrac{1}{16} - 2\dfrac{4}{16} =$

26 $5\dfrac{10}{17} - 1\dfrac{15}{17} =$

27 $3\dfrac{4}{18} - 2\dfrac{11}{18} =$

28 $4\dfrac{1}{20} - 2\dfrac{14}{20} =$

29 $7\dfrac{13}{21} - 4\dfrac{18}{21} =$

30 $3\dfrac{11}{23} - 1\dfrac{16}{23} =$

31 $5\dfrac{6}{25} - 2\dfrac{13}{25} =$

32 $8\dfrac{19}{28} - 2\dfrac{22}{28} =$

33 $6\dfrac{6}{29} - 3\dfrac{13}{29} =$

34 $4\dfrac{9}{30} - 1\dfrac{26}{30} =$

35 $5\dfrac{17}{32} - 1\dfrac{30}{32} =$

36 $2\dfrac{4}{33} - 1\dfrac{8}{33} =$

37 $7\dfrac{11}{36} - 3\dfrac{18}{36} =$

38 $3\dfrac{13}{40} - 1\dfrac{26}{40} =$

3

이렇게 계산해요

$3\dfrac{2}{6}-\dfrac{9}{6}$의 계산

자연수에서 1만큼을 가분수로 나타내기

방법 1 $3\dfrac{2}{6}-\dfrac{9}{6}=3\dfrac{2}{6}-1\dfrac{3}{6}=2\dfrac{8}{6}-1\dfrac{3}{6}=1\dfrac{5}{6}$

대분수로 나타내기

분자끼리 빼기

방법 2 $3\dfrac{2}{6}-\dfrac{9}{6}=\dfrac{20}{6}-\dfrac{9}{6}=\dfrac{11}{6}=1\dfrac{5}{6}$

가분수로 나타내기

● ☐ 안에 알맞은 수를 써넣으세요.

1 $3\dfrac{2}{3}-\dfrac{4}{3}=3\dfrac{2}{3}-\dfrac{\boxed{}\boxed{}}{3}$

$=\dfrac{\boxed{}\boxed{}}{3}$

3 $5\dfrac{5}{6}-\dfrac{9}{6}=5\dfrac{5}{6}-\dfrac{\boxed{}\boxed{}}{6}$

$=\dfrac{\boxed{}\boxed{}}{6}$

2 $2\dfrac{3}{5}-\dfrac{9}{5}=2\dfrac{3}{5}-\dfrac{\boxed{}\boxed{}}{5}$

$=1\dfrac{\boxed{}}{5}-\dfrac{\boxed{}\boxed{}}{5}$

$=\dfrac{\boxed{}}{5}$

4 $6\dfrac{3}{7}-\dfrac{11}{7}=6\dfrac{3}{7}-\dfrac{\boxed{}\boxed{}}{7}$

$=5\dfrac{\boxed{}}{7}-\dfrac{\boxed{}\boxed{}}{7}$

$=\dfrac{\boxed{}\boxed{}}{7}$

3

5 $7\dfrac{3}{10} - \dfrac{14}{10} = \dfrac{\boxed{}}{10} - \dfrac{14}{10}$

$= \dfrac{\boxed{}}{10} = \boxed{}\dfrac{\boxed{}}{10}$

6 $6\dfrac{9}{16} - \dfrac{30}{16} = \dfrac{\boxed{}}{16} - \dfrac{30}{16}$

$= \dfrac{\boxed{}}{16} = \boxed{}\dfrac{\boxed{}}{16}$

7 $3\dfrac{4}{19} - \dfrac{25}{19} = \dfrac{\boxed{}}{19} - \dfrac{25}{19}$

$= \dfrac{\boxed{}}{19} = \boxed{}\dfrac{\boxed{}}{19}$

8 $2\dfrac{5}{23} - \dfrac{30}{23} = \dfrac{\boxed{}}{23} - \dfrac{30}{23}$

$= \dfrac{\boxed{}}{23}$

9 $2\dfrac{7}{25} - \dfrac{35}{25} = \dfrac{\boxed{}}{25} - \dfrac{35}{25}$

$= \dfrac{\boxed{}}{25}$

10 $4\dfrac{1}{28} - \dfrac{32}{28} = \dfrac{\boxed{}}{28} - \dfrac{32}{28}$

$= \dfrac{\boxed{}}{28} = \boxed{}\dfrac{\boxed{}}{28}$

11 $3\dfrac{7}{30} - \dfrac{44}{30} = \dfrac{\boxed{}}{30} - \dfrac{44}{30}$

$= \dfrac{\boxed{}}{30} = \boxed{}\dfrac{\boxed{}}{30}$

12 $2\dfrac{16}{37} - \dfrac{55}{37} = \dfrac{\boxed{}}{37} - \dfrac{55}{37}$

$= \dfrac{\boxed{}}{37}$

● 계산해 보세요.

13 $5\frac{1}{4} - \frac{7}{4} =$

14 $3\frac{1}{5} - \frac{8}{5} =$

15 $4\frac{2}{6} - \frac{9}{6} =$

16 $2\frac{6}{7} - \frac{10}{7} =$

17 $4\frac{1}{8} - \frac{10}{8} =$

18 $6\frac{4}{9} - \frac{15}{9} =$

19 $7\frac{3}{10} - \frac{17}{10} =$

20 $5\frac{9}{11} - \frac{15}{11} =$

21 $4\frac{3}{14} - \frac{18}{14} =$

22 $2\frac{7}{15} - \frac{23}{15} =$

23 $3\frac{12}{17} - \frac{22}{17} =$

24 $6\frac{4}{18} - \frac{27}{18} =$

3

25 $5\dfrac{13}{20} - \dfrac{26}{20} =$

26 $3\dfrac{5}{21} - \dfrac{30}{21} =$

27 $4\dfrac{7}{22} - \dfrac{32}{22} =$

28 $7\dfrac{8}{24} - \dfrac{43}{24} =$

29 $6\dfrac{5}{26} - \dfrac{36}{26} =$

30 $2\dfrac{5}{27} - \dfrac{29}{27} =$

31 $3\dfrac{6}{29} - \dfrac{40}{29} =$

32 $5\dfrac{8}{31} - \dfrac{45}{31} =$

33 $4\dfrac{11}{32} - \dfrac{54}{32} =$

34 $8\dfrac{23}{35} - \dfrac{44}{35} =$

35 $3\dfrac{7}{36} - \dfrac{50}{36} =$

36 $2\dfrac{9}{40} - \dfrac{60}{40} =$

● 계산해 보세요.

1 $\dfrac{4}{5} - \dfrac{1}{5} =$

2 $2 - \dfrac{11}{6} =$

3 $4\dfrac{2}{7} - 1\dfrac{5}{7} =$

4 $1 - \dfrac{5}{8} =$

5 $5\dfrac{4}{9} - \dfrac{8}{9} =$

6 $4 - \dfrac{8}{11} =$

7 $3\dfrac{4}{13} - 1\dfrac{2}{13} =$

8 $2\dfrac{7}{15} - \dfrac{14}{15} =$

9 $\dfrac{15}{16} - \dfrac{12}{16} =$

10 $6\dfrac{5}{18} - \dfrac{30}{18} =$

11 $3 - 1\dfrac{4}{19} =$

12 $5\dfrac{6}{21} - 4\dfrac{4}{21} =$

3

13 $4\dfrac{7}{22} - 1\dfrac{16}{22} =$

14 $3 - \dfrac{7}{24} =$

15 $1 - \dfrac{4}{25} =$

16 $4\dfrac{1}{27} - \dfrac{32}{27} =$

17 $5 - 2\dfrac{25}{28} =$

18 $7 - \dfrac{37}{30} =$

19 $\dfrac{17}{32} - \dfrac{4}{32} =$

20 $2\dfrac{18}{33} - \dfrac{15}{33} =$

21 $3\dfrac{9}{35} - 2\dfrac{6}{35} =$

22 $1 - \dfrac{11}{36} =$

23 $6 - \dfrac{30}{37} =$

24 $5\dfrac{7}{38} - 2\dfrac{10}{38} =$

숨은그림
찾기

>> 숨은 그림 8개를 찾아보세요.

아이와 평생
함께할 습관을
만듭니다.

아이스크림 홈런 2.0
공부를 좋아하는 습관

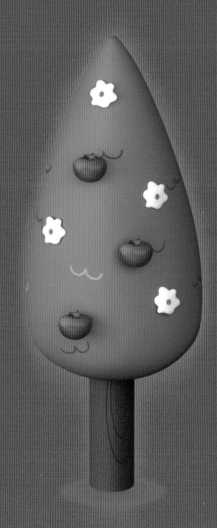

기본을 단단하게
나만의 속도로
무엇보다 재미있게

아이스크림
더연산

정답

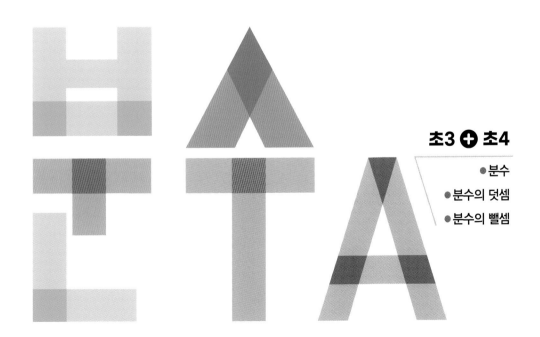

초3 ➕ 초4

● 분수
● 분수의 덧셈
● 분수의 뺄셈

i-Scream edu

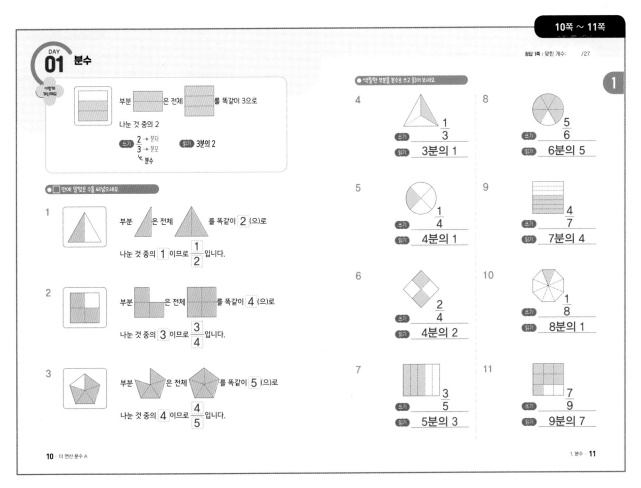

DAY **01** 분수

정답 1쪽 | 맞힌 개수: /27

● 색칠한 부분을 분수로 쓰고 읽어 보세요.

쓰기	읽기
부분 은 전체 를 똑같이 3으로 나눈 것 중의 2	
쓰기 2→분자 3→분모 ↳분수	읽기 3분의 2

● □ 안에 알맞은 수를 써넣으세요.

1 부분 은 전체 를 똑같이 2 (으)로 나눈 것 중의 1 이므로 1/2 입니다.

2 부분 은 전체 를 똑같이 4 (으)로 나눈 것 중의 3 이므로 3/4 입니다.

3 부분 은 전체 를 똑같이 5 (으)로 나눈 것 중의 4 이므로 4/5 입니다.

4 쓰기 1/3 읽기 3분의 1

5 쓰기 1/4 읽기 4분의 1

6 쓰기 2/4 읽기 4분의 2

7 쓰기 3/5 읽기 5분의 3

8 쓰기 5/6 읽기 6분의 5

9 쓰기 4/7 읽기 7분의 4

10 쓰기 1/8 읽기 8분의 1

11 쓰기 7/9 읽기 9분의 7

10 · 더 연산 분수 A

1. 분수 · 11

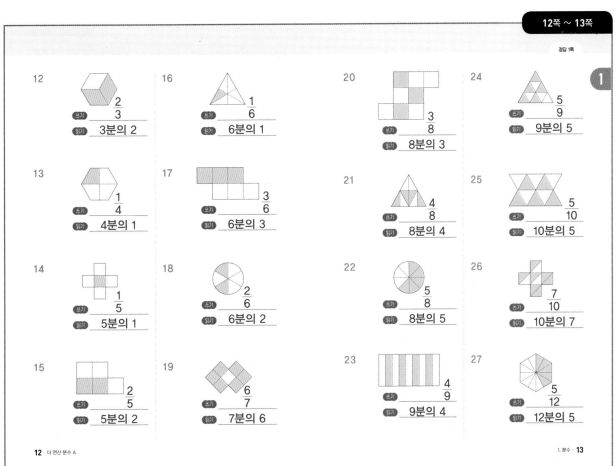

정답 1쪽

12 쓰기 2/3 읽기 3분의 2

13 쓰기 1/4 읽기 4분의 1

14 쓰기 1/5 읽기 5분의 1

15 쓰기 2/5 읽기 5분의 2

16 쓰기 1/6 읽기 6분의 1

17 쓰기 3/6 읽기 6분의 3

18 쓰기 2/6 읽기 6분의 2

19 쓰기 6/7 읽기 7분의 6

20 쓰기 3/8 읽기 8분의 3

21 쓰기 4/8 읽기 8분의 4

22 쓰기 5/8 읽기 8분의 5

23 쓰기 4/9 읽기 9분의 4

24 쓰기 5/9 읽기 9분의 5

25 쓰기 5/10 읽기 10분의 5

26 쓰기 7/10 읽기 10분의 7

27 쓰기 5/12 읽기 12분의 5

12 · 더 연산 분수 A

1. 분수 · 13

정답 · **1**

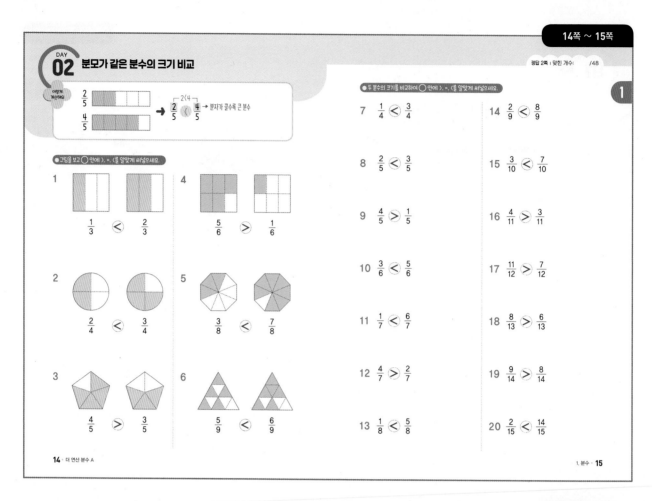

DAY 02 분모가 같은 분수의 크기 비교

정답 2쪽 | 맞힌 개수: /48

어떻게 계산하나요?

$\dfrac{2}{5}$

$\dfrac{4}{5}$

→ $\dfrac{2}{5}$ < $\dfrac{4}{5}$ → 분자가 클수록 큰 분수

● 그림을 보고 ○ 안에 >, =, <를 알맞게 써넣으세요.

1 $\dfrac{1}{3}$ < $\dfrac{2}{3}$

2 $\dfrac{2}{4}$ < $\dfrac{3}{4}$

3 $\dfrac{4}{5}$ > $\dfrac{3}{5}$

4 $\dfrac{5}{6}$ > $\dfrac{1}{6}$

5 $\dfrac{3}{8}$ < $\dfrac{7}{8}$

6 $\dfrac{5}{9}$ < $\dfrac{6}{9}$

● 두 분수의 크기를 비교하여 ○ 안에 >, =, <를 알맞게 써넣으세요.

7 $\dfrac{1}{4}$ < $\dfrac{3}{4}$

8 $\dfrac{2}{5}$ < $\dfrac{3}{5}$

9 $\dfrac{4}{5}$ > $\dfrac{1}{5}$

10 $\dfrac{3}{6}$ < $\dfrac{5}{6}$

11 $\dfrac{1}{7}$ < $\dfrac{6}{7}$

12 $\dfrac{4}{7}$ > $\dfrac{2}{7}$

13 $\dfrac{1}{8}$ < $\dfrac{5}{8}$

14 $\dfrac{2}{9}$ < $\dfrac{8}{9}$

15 $\dfrac{3}{10}$ < $\dfrac{7}{10}$

16 $\dfrac{4}{11}$ > $\dfrac{3}{11}$

17 $\dfrac{11}{12}$ > $\dfrac{7}{12}$

18 $\dfrac{8}{13}$ > $\dfrac{6}{13}$

19 $\dfrac{9}{14}$ > $\dfrac{8}{14}$

20 $\dfrac{2}{15}$ < $\dfrac{14}{15}$

21 $\dfrac{11}{16}$ > $\dfrac{5}{16}$

22 $\dfrac{9}{17}$ > $\dfrac{5}{17}$

23 $\dfrac{13}{18}$ < $\dfrac{17}{18}$

24 $\dfrac{13}{19}$ > $\dfrac{12}{19}$

25 $\dfrac{13}{20}$ > $\dfrac{11}{20}$

26 $\dfrac{20}{21}$ > $\dfrac{16}{21}$

27 $\dfrac{7}{22}$ < $\dfrac{15}{22}$

28 $\dfrac{20}{23}$ < $\dfrac{22}{23}$

29 $\dfrac{17}{24}$ > $\dfrac{5}{24}$

30 $\dfrac{14}{25}$ > $\dfrac{13}{25}$

31 $\dfrac{25}{26}$ > $\dfrac{21}{26}$

32 $\dfrac{19}{27}$ < $\dfrac{22}{27}$

33 $\dfrac{23}{28}$ < $\dfrac{25}{28}$

34 $\dfrac{4}{29}$ < $\dfrac{7}{29}$

35 $\dfrac{17}{30}$ > $\dfrac{13}{30}$

36 $\dfrac{29}{31}$ > $\dfrac{24}{31}$

37 $\dfrac{25}{32}$ < $\dfrac{27}{32}$

38 $\dfrac{13}{33}$ < $\dfrac{19}{33}$

39 $\dfrac{31}{34}$ > $\dfrac{23}{34}$

40 $\dfrac{19}{35}$ > $\dfrac{16}{35}$

41 $\dfrac{25}{36}$ < $\dfrac{31}{36}$

42 $\dfrac{31}{39}$ > $\dfrac{28}{39}$

43 $\dfrac{17}{40}$ > $\dfrac{13}{40}$

44 $\dfrac{8}{41}$ < $\dfrac{10}{41}$

45 $\dfrac{25}{44}$ < $\dfrac{29}{44}$

46 $\dfrac{16}{45}$ > $\dfrac{11}{45}$

47 $\dfrac{37}{48}$ > $\dfrac{27}{48}$

48 $\dfrac{19}{50}$ < $\dfrac{23}{50}$

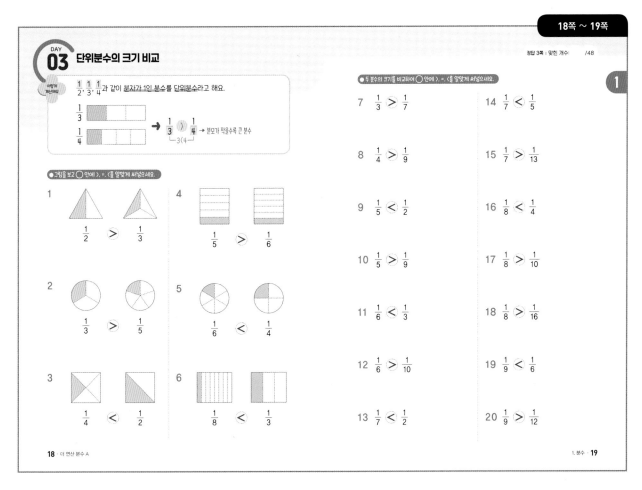

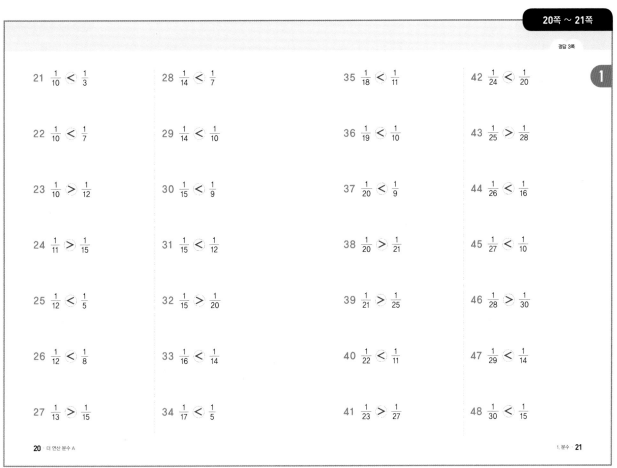

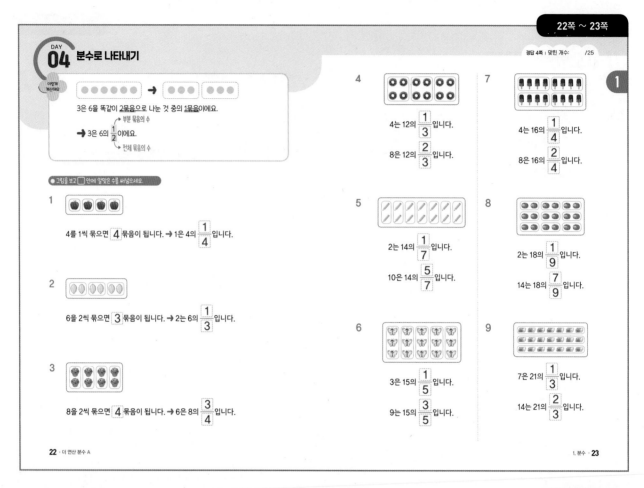

DAY
04 분수로 나타내기

정답 4쪽 | 맞힌 개수: /25

3은 6을 똑같이 2묶음으로 나눈 것 중의 1묶음이에요.
→ 부분 묶음의 수
→ 3은 6의 $\frac{1}{2}$이에요.
→ 전체 묶음의 수

● 그림을 보고 □ 안에 알맞은 수를 써넣으세요.

1 4를 1씩 묶으면 **4** 묶음이 됩니다. → 1은 4의 $\frac{1}{4}$입니다.

2 6을 2씩 묶으면 **3** 묶음이 됩니다. → 2는 6의 $\frac{1}{3}$입니다.

3 8을 2씩 묶으면 **4** 묶음이 됩니다. → 6은 8의 $\frac{3}{4}$입니다.

4 4는 12의 $\frac{1}{3}$입니다.
   8은 12의 $\frac{2}{3}$입니다.

5 2는 14의 $\frac{1}{7}$입니다.
   10은 14의 $\frac{5}{7}$입니다.

6 3은 15의 $\frac{1}{5}$입니다.
   9는 15의 $\frac{3}{5}$입니다.

7 4는 16의 $\frac{1}{4}$입니다.
   8은 16의 $\frac{2}{4}$입니다.

8 2는 18의 $\frac{1}{9}$입니다.
   14는 18의 $\frac{7}{9}$입니다.

9 7은 21의 $\frac{1}{3}$입니다.
   14는 21의 $\frac{2}{3}$입니다.

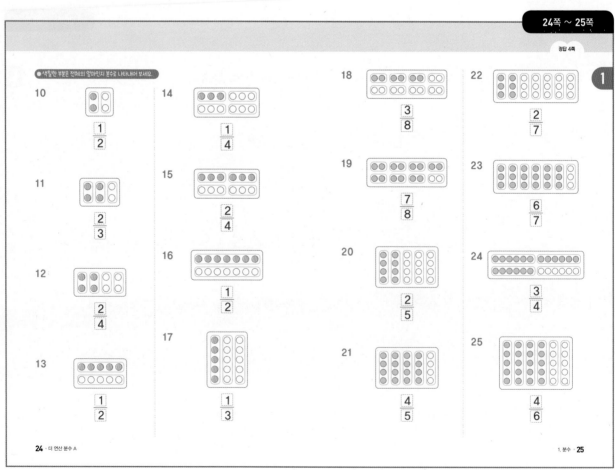

● 색칠한 부분은 전체의 얼마인지 분수로 나타내어 보세요.

10 $\frac{1}{2}$

11 $\frac{2}{3}$

12 $\frac{2}{4}$

13 $\frac{1}{2}$

14 $\frac{1}{4}$

15 $\frac{2}{4}$

16 $\frac{1}{2}$

17 $\frac{1}{3}$

18 $\frac{3}{8}$

19 $\frac{7}{8}$

20 $\frac{2}{5}$

21 $\frac{4}{5}$

22 $\frac{2}{7}$

23 $\frac{6}{7}$

24 $\frac{3}{4}$

25 $\frac{4}{6}$

05 분수만큼은 얼마인지 알아보기

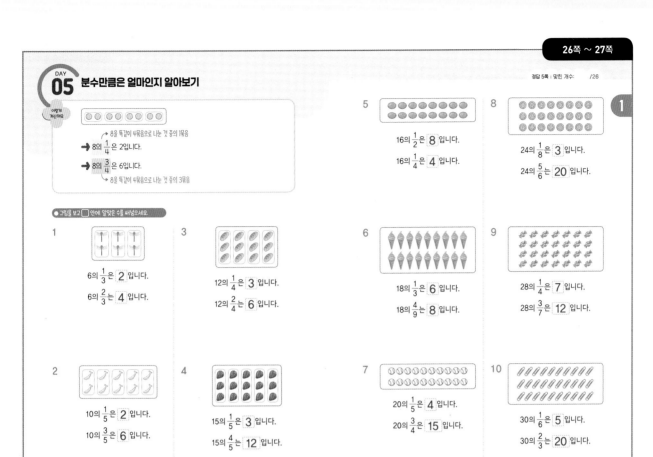

● 그림을 보고 ☐ 안에 알맞은 수를 써넣으세요.

1
6의 $\frac{1}{3}$은 **2** 입니다.
6의 $\frac{2}{3}$는 **4** 입니다.

2
10의 $\frac{1}{5}$은 **2** 입니다.
10의 $\frac{3}{5}$은 **6** 입니다.

3
12의 $\frac{1}{4}$은 **3** 입니다.
12의 $\frac{2}{4}$는 **6** 입니다.

4
15의 $\frac{1}{5}$은 **3** 입니다.
15의 $\frac{4}{5}$는 **12** 입니다.

5
16의 $\frac{1}{2}$은 **8** 입니다.
16의 $\frac{1}{4}$은 **4** 입니다.

6
18의 $\frac{1}{3}$은 **6** 입니다.
18의 $\frac{4}{9}$은 **8** 입니다.

7
20의 $\frac{1}{5}$은 **4** 입니다.
20의 $\frac{3}{4}$은 **15** 입니다.

8
24의 $\frac{1}{8}$은 **3** 입니다.
24의 $\frac{5}{6}$은 **20** 입니다.

9
28의 $\frac{1}{4}$은 **7** 입니다.
28의 $\frac{3}{7}$은 **12** 입니다.

10
30의 $\frac{1}{6}$은 **5** 입니다.
30의 $\frac{2}{3}$는 **20** 입니다.

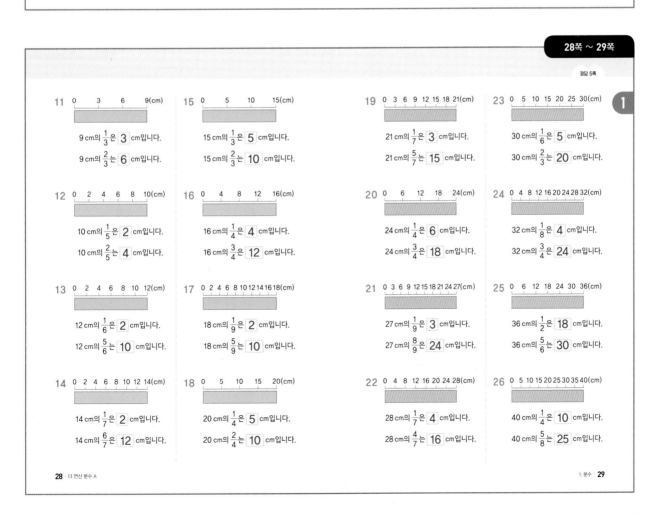

11 0 3 6 9(cm)
9 cm의 $\frac{1}{3}$은 **3** cm입니다.
9 cm의 $\frac{2}{3}$는 **6** cm입니다.

12 0 2 4 6 8 10(cm)
10 cm의 $\frac{1}{5}$은 **2** cm입니다.
10 cm의 $\frac{2}{5}$는 **4** cm입니다.

13 0 2 4 6 8 10 12(cm)
12 cm의 $\frac{1}{6}$은 **2** cm입니다.
12 cm의 $\frac{5}{6}$는 **10** cm입니다.

14 0 2 4 6 8 10 12 14(cm)
14 cm의 $\frac{1}{7}$은 **2** cm입니다.
14 cm의 $\frac{6}{7}$는 **12** cm입니다.

15 0 5 10 15(cm)
15 cm의 $\frac{1}{3}$은 **5** cm입니다.
15 cm의 $\frac{2}{3}$는 **10** cm입니다.

16 0 4 8 12 16(cm)
16 cm의 $\frac{1}{4}$은 **4** cm입니다.
16 cm의 $\frac{3}{4}$는 **12** cm입니다.

17 0 2 4 6 8 10 12 14 16 18(cm)
18 cm의 $\frac{1}{9}$은 **2** cm입니다.
18 cm의 $\frac{5}{9}$는 **10** cm입니다.

18 0 5 10 15 20(cm)
20 cm의 $\frac{1}{4}$은 **5** cm입니다.
20 cm의 $\frac{2}{4}$는 **10** cm입니다.

19 0 3 6 9 12 15 18 21(cm)
21 cm의 $\frac{1}{7}$은 **3** cm입니다.
21 cm의 $\frac{5}{7}$는 **15** cm입니다.

20 0 6 12 18 24(cm)
24 cm의 $\frac{1}{4}$은 **6** cm입니다.
24 cm의 $\frac{3}{4}$는 **18** cm입니다.

21 0 3 6 9 12 15 18 21 24 27(cm)
27 cm의 $\frac{1}{9}$은 **3** cm입니다.
27 cm의 $\frac{8}{9}$는 **24** cm입니다.

22 0 4 8 12 16 20 24 28(cm)
28 cm의 $\frac{1}{7}$은 **4** cm입니다.
28 cm의 $\frac{4}{7}$는 **16** cm입니다.

23 0 5 10 15 20 25 30(cm)
30 cm의 $\frac{1}{6}$은 **5** cm입니다.
30 cm의 $\frac{2}{3}$는 **20** cm입니다.

24 0 4 8 12 16 20 24 28 32(cm)
32 cm의 $\frac{1}{8}$은 **4** cm입니다.
32 cm의 $\frac{3}{4}$는 **24** cm입니다.

25 0 6 12 18 24 30 36(cm)
36 cm의 $\frac{1}{2}$은 **18** cm입니다.
36 cm의 $\frac{5}{6}$는 **30** cm입니다.

26 0 5 10 15 20 25 30 35 40(cm)
40 cm의 $\frac{1}{4}$은 **10** cm입니다.
40 cm의 $\frac{5}{8}$는 **25** cm입니다.

DAY 06 대분수를 가분수로, 가분수를 대분수로 나타내기

정답 6쪽 | 맞힌 개수: /44

이렇게 계산해요

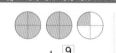

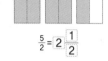

● 대분수는 가분수로, 가분수는 대분수로 나타내어 보세요.

5 $4\frac{1}{2}=\dfrac{9}{2}$

11 $\dfrac{10}{3}=3\dfrac{1}{3}$

6 $1\frac{1}{3}=\dfrac{4}{3}$

12 $\dfrac{11}{4}=2\dfrac{3}{4}$

7 $3\frac{2}{3}=\dfrac{11}{3}$

13 $\dfrac{17}{4}=4\dfrac{1}{4}$

8 $1\frac{2}{4}=\dfrac{6}{4}$

14 $\dfrac{9}{5}=1\dfrac{4}{5}$

9 $4\frac{2}{5}=\dfrac{22}{5}$

15 $\dfrac{13}{6}=2\dfrac{1}{6}$

10 $3\frac{5}{6}=\dfrac{23}{6}$

16 $\dfrac{23}{7}=3\dfrac{2}{7}$

● 그림을 보고 대분수는 가분수로, 가분수는 대분수로 나타내어 보세요.

1

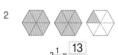

$2\frac{1}{4}=\dfrac{9}{4}$

3

$\dfrac{5}{2}=2\dfrac{1}{2}$

2

$2\frac{1}{6}=\dfrac{13}{6}$

4

$\dfrac{7}{4}=1\dfrac{3}{4}$

17 $2\frac{2}{7}=\dfrac{16}{7}$

24 $\dfrac{41}{7}=5\dfrac{6}{7}$

31 $1\frac{3}{10}=\dfrac{13}{10}$

38 $\dfrac{41}{10}=4\dfrac{1}{10}$

18 $4\frac{1}{7}=\dfrac{29}{7}$

25 $\dfrac{13}{8}=1\dfrac{5}{8}$

32 $3\frac{7}{10}=\dfrac{37}{10}$

39 $\dfrac{15}{11}=1\dfrac{4}{11}$

19 $1\frac{3}{8}=\dfrac{11}{8}$

26 $\dfrac{23}{8}=2\dfrac{7}{8}$

33 $4\frac{1}{12}=\dfrac{49}{12}$

40 $\dfrac{45}{13}=3\dfrac{6}{13}$

20 $3\frac{5}{8}=\dfrac{29}{8}$

27 $\dfrac{41}{8}=5\dfrac{1}{8}$

34 $2\frac{7}{15}=\dfrac{37}{15}$

41 $\dfrac{37}{14}=2\dfrac{9}{14}$

21 $2\frac{2}{9}=\dfrac{20}{9}$

28 $\dfrac{14}{9}=1\dfrac{5}{9}$

35 $1\frac{9}{16}=\dfrac{25}{16}$

42 $\dfrac{29}{17}=1\dfrac{12}{17}$

22 $5\frac{4}{9}=\dfrac{49}{9}$

29 $\dfrac{28}{9}=3\dfrac{1}{9}$

36 $4\frac{3}{18}=\dfrac{75}{18}$

43 $\dfrac{41}{18}=2\dfrac{5}{18}$

23 $6\frac{1}{9}=\dfrac{55}{9}$

30 $\dfrac{27}{10}=2\dfrac{7}{10}$

37 $3\frac{11}{20}=\dfrac{71}{20}$

44 $\dfrac{53}{20}=2\dfrac{13}{20}$

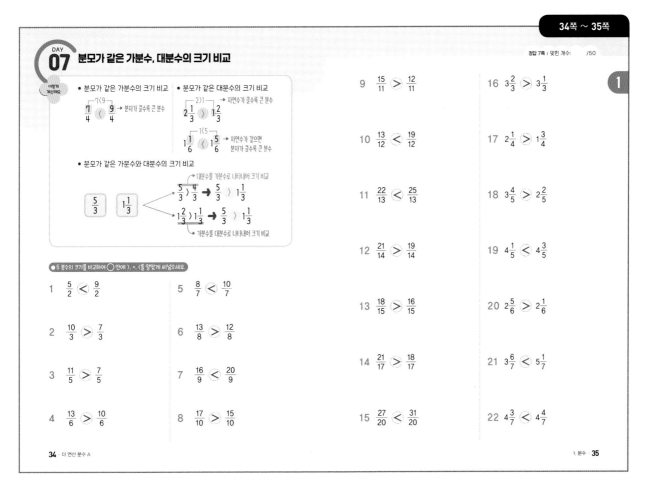

DAY 07 분모가 같은 가분수, 대분수의 크기 비교

정답 7쪽 | 맞힌 개수: /50

1

● 두 분수의 크기를 비교하여 ◯ 안에 >, =, <를 알맞게 써넣으세요.

1 $\frac{5}{2}$ < $\frac{9}{2}$ 5 $\frac{8}{7}$ < $\frac{10}{7}$

2 $\frac{10}{3}$ > $\frac{7}{3}$ 6 $\frac{13}{8}$ > $\frac{12}{8}$

3 $\frac{11}{5}$ > $\frac{7}{5}$ 7 $\frac{16}{9}$ < $\frac{20}{9}$

4 $\frac{13}{6}$ > $\frac{10}{6}$ 8 $\frac{17}{10}$ > $\frac{15}{10}$

9 $\frac{15}{11}$ > $\frac{12}{11}$ 16 $3\frac{2}{3}$ > $3\frac{1}{3}$

10 $\frac{13}{12}$ < $\frac{19}{12}$ 17 $2\frac{1}{4}$ > $1\frac{3}{4}$

11 $\frac{22}{13}$ < $\frac{25}{13}$ 18 $3\frac{4}{5}$ > $2\frac{2}{5}$

12 $\frac{21}{14}$ > $\frac{19}{14}$ 19 $4\frac{1}{5}$ < $4\frac{3}{5}$

13 $\frac{18}{15}$ > $\frac{16}{15}$ 20 $2\frac{5}{6}$ > $2\frac{1}{6}$

14 $\frac{21}{17}$ > $\frac{18}{17}$ 21 $3\frac{6}{7}$ < $5\frac{1}{7}$

15 $\frac{27}{20}$ < $\frac{31}{20}$ 22 $4\frac{3}{7}$ < $4\frac{4}{7}$

정답 7쪽

1

23 $3\frac{1}{8}$ > $2\frac{7}{8}$ 30 $4\frac{5}{14}$ < $6\frac{3}{14}$ 37 $\frac{7}{2}$ > $1\frac{1}{2}$ 44 $2\frac{5}{11}$ > $\frac{18}{11}$

24 $1\frac{5}{9}$ < $4\frac{2}{9}$ 31 $1\frac{7}{15}$ < $2\frac{4}{15}$ 38 $\frac{13}{4}$ > $2\frac{1}{4}$ 45 $1\frac{6}{13}$ < $\frac{20}{13}$

25 $5\frac{1}{9}$ < $5\frac{4}{9}$ 32 $2\frac{13}{16}$ > $2\frac{9}{16}$ 39 $\frac{17}{5}$ > $3\frac{1}{5}$ 46 $2\frac{1}{14}$ = $\frac{29}{14}$

26 $2\frac{3}{10}$ > $2\frac{1}{10}$ 33 $5\frac{4}{17}$ < $5\frac{5}{17}$ 40 $\frac{13}{6}$ < $3\frac{5}{6}$ 47 $3\frac{4}{15}$ < $\frac{51}{15}$

27 $4\frac{6}{10}$ > $4\frac{2}{10}$ 34 $3\frac{17}{18}$ > $1\frac{5}{18}$ 41 $\frac{16}{7}$ < $3\frac{1}{7}$ 48 $1\frac{5}{16}$ > $\frac{17}{16}$

28 $3\frac{6}{11}$ > $3\frac{4}{11}$ 35 $4\frac{2}{19}$ < $4\frac{3}{19}$ 42 $\frac{10}{9}$ < $1\frac{2}{9}$ 49 $3\frac{3}{18}$ > $\frac{38}{18}$

29 $2\frac{7}{12}$ > $1\frac{11}{12}$ 36 $6\frac{7}{20}$ > $5\frac{9}{20}$ 43 $\frac{29}{10}$ > $1\frac{7}{10}$ 50 $4\frac{7}{20}$ < $\frac{91}{20}$

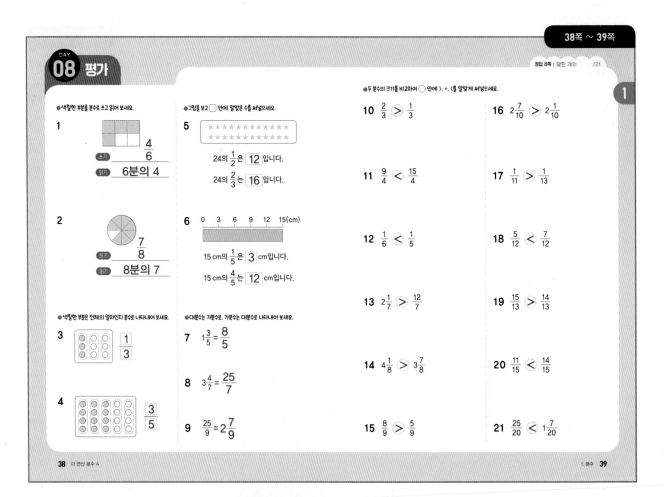

DAY 08 평가

정답 8쪽 | 맞힌 개수: /21

●색칠한 부분을 분수로 쓰고 읽어 보세요.

1
쓰기 $\dfrac{4}{6}$
읽기 6분의 4

2
쓰기 $\dfrac{7}{8}$
읽기 8분의 7

●색칠한 부분은 전체의 얼마인지 분수로 나타내어 보세요.

3 $\dfrac{1}{3}$

4 $\dfrac{3}{5}$

●그림을 보고 □ 안에 알맞은 수를 써넣으세요.

5
24의 $\dfrac{1}{2}$은 12 입니다.
24의 $\dfrac{2}{3}$는 16 입니다.

6
0 3 6 9 12 15(cm)
15 cm의 $\dfrac{1}{5}$은 3 cm입니다.
15 cm의 $\dfrac{4}{5}$는 12 cm입니다.

●대분수는 가분수로, 가분수는 대분수로 나타내어 보세요.

7 $1\dfrac{3}{5} = \dfrac{8}{5}$

8 $3\dfrac{4}{7} = \dfrac{25}{7}$

9 $\dfrac{25}{9} = 2\dfrac{7}{9}$

●두 분수의 크기를 비교하여 ○ 안에 >, =, <를 알맞게 써넣으세요.

10 $\dfrac{2}{3}$ > $\dfrac{1}{3}$

11 $\dfrac{9}{4}$ < $\dfrac{15}{4}$

12 $\dfrac{1}{6}$ < $\dfrac{1}{5}$

13 $2\dfrac{1}{7}$ > $\dfrac{12}{7}$

14 $4\dfrac{1}{8}$ > $3\dfrac{7}{8}$

15 $\dfrac{8}{9}$ > $\dfrac{5}{9}$

16 $2\dfrac{7}{10}$ > $2\dfrac{1}{10}$

17 $\dfrac{1}{11}$ > $\dfrac{1}{13}$

18 $\dfrac{5}{12}$ < $\dfrac{7}{12}$

19 $\dfrac{15}{13}$ > $\dfrac{14}{13}$

20 $\dfrac{11}{15}$ < $\dfrac{14}{15}$

21 $\dfrac{25}{20}$ < $1\dfrac{7}{20}$

정답 8쪽

숨은그림 찾기
>> 숨은 그림 8개를 찾아보세요.

DAY 09 (진분수)+(진분수)
: 합이 1보다 작은 경우

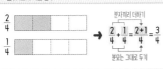

정답 9쪽 | 맞힌 개수: /42

● 그림을 보고 □안에 알맞은 수를 써넣으세요.

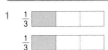

1 $\frac{1}{3}$ $\frac{1}{3}$

→ $\frac{1}{3} + \frac{1}{3} = \frac{2}{3}$

4 $\frac{2}{7}$ $\frac{3}{7}$

→ $\frac{2}{7} + \frac{3}{7} = \frac{5}{7}$

2 $\frac{2}{5}$ $\frac{1}{5}$

→ $\frac{2}{5} + \frac{1}{5} = \frac{3}{5}$

5 $\frac{1}{8}$ $\frac{6}{8}$

→ $\frac{1}{8} + \frac{6}{8} = \frac{7}{8}$

3 $\frac{2}{6}$ $\frac{3}{6}$

→ $\frac{2}{6} + \frac{3}{6} = \frac{5}{6}$

6 $\frac{4}{9}$ $\frac{3}{9}$

→ $\frac{4}{9} + \frac{3}{9} = \frac{7}{9}$

● □안에 알맞은 수를 써넣으세요.

7 $\frac{7}{12} + \frac{4}{12} = \frac{7+4}{12} = \frac{11}{12}$

8 $\frac{3}{14} + \frac{6}{14} = \frac{3+6}{14} = \frac{9}{14}$

9 $\frac{9}{15} + \frac{5}{15} = \frac{9+5}{15} = \frac{14}{15}$

10 $\frac{8}{17} + \frac{2}{17} = \frac{8+2}{17} = \frac{10}{17}$

11 $\frac{5}{18} + \frac{8}{18} = \frac{5+8}{18} = \frac{13}{18}$

12 $\frac{9}{20} + \frac{4}{20} = \frac{9+4}{20} = \frac{13}{20}$

13 $\frac{17}{22} + \frac{1}{22} = \frac{17+1}{22} = \frac{18}{22}$

14 $\frac{6}{25} + \frac{7}{25} = \frac{6+7}{25} = \frac{13}{25}$

15 $\frac{10}{27} + \frac{6}{27} = \frac{10+6}{27} = \frac{16}{27}$

16 $\frac{8}{32} + \frac{11}{32} = \frac{8+11}{32} = \frac{19}{32}$

17 $\frac{11}{35} + \frac{7}{35} = \frac{11+7}{35} = \frac{18}{35}$

18 $\frac{16}{37} + \frac{4}{37} = \frac{16+4}{37} = \frac{20}{37}$

● 계산해 보세요.

19 $\frac{1}{4} + \frac{1}{4} = \frac{2}{4}$

20 $\frac{2}{5} + \frac{2}{5} = \frac{4}{5}$

21 $\frac{1}{6} + \frac{2}{6} = \frac{3}{6}$

22 $\frac{5}{7} + \frac{1}{7} = \frac{6}{7}$

23 $\frac{2}{8} + \frac{3}{8} = \frac{5}{8}$

24 $\frac{1}{9} + \frac{6}{9} = \frac{7}{9}$

25 $\frac{3}{10} + \frac{2}{10} = \frac{5}{10}$

26 $\frac{8}{11} + \frac{1}{11} = \frac{9}{11}$

27 $\frac{5}{13} + \frac{6}{13} = \frac{11}{13}$

28 $\frac{7}{15} + \frac{1}{15} = \frac{8}{15}$

29 $\frac{3}{16} + \frac{11}{16} = \frac{14}{16}$

30 $\frac{4}{18} + \frac{9}{18} = \frac{13}{18}$

31 $\frac{10}{19} + \frac{2}{19} = \frac{12}{19}$

32 $\frac{4}{20} + \frac{13}{20} = \frac{17}{20}$

33 $\frac{8}{21} + \frac{4}{21} = \frac{12}{21}$

34 $\frac{7}{23} + \frac{13}{23} = \frac{20}{23}$

35 $\frac{9}{24} + \frac{8}{24} = \frac{17}{24}$

36 $\frac{11}{26} + \frac{4}{26} = \frac{15}{26}$

37 $\frac{8}{28} + \frac{3}{28} = \frac{11}{28}$

38 $\frac{6}{29} + \frac{10}{29} = \frac{16}{29}$

39 $\frac{23}{30} + \frac{4}{30} = \frac{27}{30}$

40 $\frac{13}{33} + \frac{5}{33} = \frac{18}{33}$

41 $\frac{17}{36} + \frac{16}{36} = \frac{33}{36}$

42 $\frac{17}{40} + \frac{4}{40} = \frac{21}{40}$

정답 · 9

정답

DAY 10 (진분수)+(진분수)
: 합이 1보다 큰 경우

정답 10쪽 | 맞힌 개수: /38

$\dfrac{2}{3}$

$\dfrac{2}{3}$

분자끼리 더하기

$\dfrac{2}{3}+\dfrac{2}{3}=\dfrac{2+2}{3}=\dfrac{4}{3}=1\dfrac{1}{3}$

분모는 그대로 두기   대분수로 나타내기

● □ 안에 알맞은 수를 써넣으세요.

7 $\dfrac{8}{10}+\dfrac{5}{10}=\dfrac{\boxed{8}+\boxed{5}}{10}$
$=\dfrac{\boxed{13}}{10}=1\dfrac{\boxed{3}}{10}$

11 $\dfrac{17}{24}+\dfrac{9}{24}=\dfrac{\boxed{17}+\boxed{9}}{24}$
$=\dfrac{\boxed{26}}{24}=1\dfrac{\boxed{2}}{24}$

● 그림을 보고 □ 안에 알맞은 수를 써넣으세요.

1 $\dfrac{3}{4}$
$\dfrac{3}{4}$
→ $\dfrac{3}{4}+\dfrac{3}{4}=\dfrac{\boxed{6}}{4}=1\dfrac{\boxed{2}}{4}$

4 $\dfrac{4}{7}$
$\dfrac{4}{7}$
→ $\dfrac{4}{7}+\dfrac{4}{7}=\dfrac{\boxed{8}}{7}=1\dfrac{\boxed{1}}{7}$

8 $\dfrac{8}{13}+\dfrac{9}{13}=\dfrac{\boxed{8}+\boxed{9}}{13}$
$=\dfrac{\boxed{17}}{13}=1\dfrac{\boxed{4}}{13}$

12 $\dfrac{10}{27}+\dfrac{21}{27}=\dfrac{\boxed{10}+\boxed{21}}{27}$
$=\dfrac{\boxed{31}}{27}=1\dfrac{\boxed{4}}{27}$

2 $\dfrac{4}{5}$
$\dfrac{3}{5}$
→ $\dfrac{4}{5}+\dfrac{3}{5}=\dfrac{\boxed{7}}{5}=1\dfrac{\boxed{2}}{5}$

5 $\dfrac{6}{8}$
$\dfrac{7}{8}$
→ $\dfrac{6}{8}+\dfrac{7}{8}=\dfrac{\boxed{13}}{8}=1\dfrac{\boxed{5}}{8}$

9 $\dfrac{11}{15}+\dfrac{10}{15}=\dfrac{\boxed{11}+\boxed{10}}{15}$
$=\dfrac{\boxed{21}}{15}=1\dfrac{\boxed{6}}{15}$

13 $\dfrac{20}{35}+\dfrac{26}{35}=\dfrac{\boxed{20}+\boxed{26}}{35}$
$=\dfrac{\boxed{46}}{35}=1\dfrac{\boxed{11}}{35}$

3 $\dfrac{2}{6}$
$\dfrac{5}{6}$
→ $\dfrac{2}{6}+\dfrac{5}{6}=\dfrac{\boxed{7}}{6}=1\dfrac{\boxed{1}}{6}$

6 $\dfrac{8}{9}$
$\dfrac{7}{9}$
→ $\dfrac{8}{9}+\dfrac{7}{9}=\dfrac{\boxed{15}}{9}=1\dfrac{\boxed{6}}{9}$

10 $\dfrac{9}{20}+\dfrac{18}{20}=\dfrac{\boxed{9}+\boxed{18}}{20}$
$=\dfrac{\boxed{27}}{20}=1\dfrac{\boxed{7}}{20}$

14 $\dfrac{10}{38}+\dfrac{37}{38}=\dfrac{\boxed{10}+\boxed{37}}{38}$
$=\dfrac{\boxed{47}}{38}=1\dfrac{\boxed{9}}{38}$

정답 10쪽

● 계산해 보세요.

15 $\dfrac{3}{4}+\dfrac{2}{4}=1\dfrac{1}{4}\left(=\dfrac{5}{4}\right)$

21 $\dfrac{3}{10}+\dfrac{8}{10}=1\dfrac{1}{10}\left(=\dfrac{11}{10}\right)$

27 $\dfrac{10}{19}+\dfrac{18}{19}=1\dfrac{9}{19}\left(=\dfrac{28}{19}\right)$

33 $\dfrac{19}{29}+\dfrac{17}{29}=1\dfrac{7}{29}\left(=\dfrac{36}{29}\right)$

16 $\dfrac{3}{5}+\dfrac{3}{5}=1\dfrac{1}{5}\left(=\dfrac{6}{5}\right)$

22 $\dfrac{6}{11}+\dfrac{7}{11}=1\dfrac{2}{11}\left(=\dfrac{13}{11}\right)$

28 $\dfrac{11}{21}+\dfrac{20}{21}=1\dfrac{10}{21}\left(=\dfrac{31}{21}\right)$

34 $\dfrac{8}{30}+\dfrac{29}{30}=1\dfrac{7}{30}\left(=\dfrac{37}{30}\right)$

17 $\dfrac{4}{6}+\dfrac{5}{6}=1\dfrac{3}{6}\left(=\dfrac{9}{6}\right)$

23 $\dfrac{5}{12}+\dfrac{11}{12}=1\dfrac{4}{12}\left(=\dfrac{16}{12}\right)$

29 $\dfrac{8}{22}+\dfrac{15}{22}=1\dfrac{1}{22}\left(=\dfrac{23}{22}\right)$

35 $\dfrac{18}{32}+\dfrac{22}{32}=1\dfrac{8}{32}\left(=\dfrac{40}{32}\right)$

18 $\dfrac{5}{7}+\dfrac{6}{7}=1\dfrac{4}{7}\left(=\dfrac{11}{7}\right)$

24 $\dfrac{13}{14}+\dfrac{11}{14}=1\dfrac{10}{14}\left(=\dfrac{24}{14}\right)$

30 $\dfrac{21}{23}+\dfrac{7}{23}=1\dfrac{5}{23}\left(=\dfrac{28}{23}\right)$

36 $\dfrac{12}{33}+\dfrac{31}{33}=1\dfrac{10}{33}\left(=\dfrac{43}{33}\right)$

19 $\dfrac{3}{8}+\dfrac{7}{8}=1\dfrac{2}{8}\left(=\dfrac{10}{8}\right)$

25 $\dfrac{7}{16}+\dfrac{14}{16}=1\dfrac{5}{16}\left(=\dfrac{21}{16}\right)$

31 $\dfrac{9}{25}+\dfrac{24}{25}=1\dfrac{8}{25}\left(=\dfrac{33}{25}\right)$

37 $\dfrac{20}{37}+\dfrac{25}{37}=1\dfrac{8}{37}\left(=\dfrac{45}{37}\right)$

20 $\dfrac{8}{9}+\dfrac{5}{9}=1\dfrac{4}{9}\left(=\dfrac{13}{9}\right)$

26 $\dfrac{13}{17}+\dfrac{8}{17}=1\dfrac{4}{17}\left(=\dfrac{21}{17}\right)$

32 $\dfrac{13}{26}+\dfrac{23}{26}=1\dfrac{10}{26}\left(=\dfrac{36}{26}\right)$

38 $\dfrac{8}{40}+\dfrac{39}{40}=1\dfrac{7}{40}\left(=\dfrac{47}{40}\right)$

DAY 11 (대분수)+(대분수)
: 진분수의 합이 1보다 작은 경우

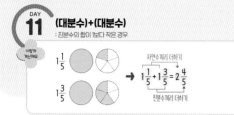

자연수끼리 더하기
$$1\frac{1}{5}+1\frac{3}{5}=2\frac{4}{5}$$
진분수끼리 더하기

● □ 안에 알맞은 수를 써넣으세요.

5 $3\frac{2}{9}+4\frac{2}{9}=7+\frac{4}{9}$
  $=7\frac{4}{9}$

9 $3\frac{9}{20}+1\frac{4}{20}=4+\frac{13}{20}$
  $=4\frac{13}{20}$

● 그림을 보고 □ 안에 알맞은 수를 써넣으세요.

1 $1\frac{1}{4}$, $1\frac{2}{4}$
→ $1\frac{1}{4}+1\frac{2}{4}=2\frac{3}{4}$

3 $2\frac{5}{8}$, $2\frac{2}{8}$
→ $2\frac{5}{8}+2\frac{2}{8}=4\frac{7}{8}$

6 $2\frac{5}{12}+1\frac{2}{12}=3+\frac{7}{12}$
  $=3\frac{7}{12}$

10 $2\frac{6}{27}+2\frac{10}{27}=4+\frac{16}{27}$
   $=4\frac{16}{27}$

7 $5\frac{4}{13}+2\frac{4}{13}=7+\frac{8}{13}$
  $=7\frac{8}{13}$

11 $3\frac{9}{35}+3\frac{20}{35}=6+\frac{29}{35}$
   $=6\frac{29}{35}$

2 $2\frac{3}{6}$, $1\frac{2}{6}$
→ $2\frac{3}{6}+1\frac{2}{6}=3\frac{5}{6}$

4 $1\frac{3}{10}$, $2\frac{3}{10}$
→ $1\frac{3}{10}+2\frac{3}{10}=3\frac{6}{10}$

8 $2\frac{5}{18}+3\frac{6}{18}=5+\frac{11}{18}$
  $=5\frac{11}{18}$

12 $4\frac{6}{39}+1\frac{31}{39}=5+\frac{37}{39}$
   $=5\frac{37}{39}$

● 계산해 보세요

13 $1\frac{1}{3}+3\frac{1}{3}=4\frac{2}{3}$

19 $3\frac{5}{11}+3\frac{2}{11}=6\frac{7}{11}$

25 $1\frac{10}{18}+3\frac{3}{18}=4\frac{13}{18}$

31 $2\frac{7}{27}+1\frac{10}{27}=3\frac{17}{27}$

14 $2\frac{2}{5}+4\frac{1}{5}=6\frac{3}{5}$

20 $1\frac{4}{12}+4\frac{7}{12}=5\frac{11}{12}$

26 $5\frac{3}{19}+2\frac{4}{19}=7\frac{7}{19}$

32 $5\frac{9}{28}+2\frac{14}{28}=7\frac{23}{28}$

15 $1\frac{4}{6}+3\frac{1}{6}=4\frac{5}{6}$

21 $2\frac{8}{14}+1\frac{3}{14}=3\frac{11}{14}$

27 $2\frac{5}{21}+2\frac{6}{21}=4\frac{11}{21}$

33 $1\frac{9}{30}+1\frac{10}{30}=2\frac{19}{30}$

16 $3\frac{1}{7}+2\frac{4}{7}=5\frac{5}{7}$

22 $4\frac{3}{15}+2\frac{4}{15}=6\frac{7}{15}$

28 $3\frac{9}{22}+2\frac{10}{22}=5\frac{19}{22}$

34 $3\frac{5}{32}+1\frac{8}{32}=4\frac{13}{32}$

17 $1\frac{2}{8}+1\frac{1}{8}=2\frac{3}{8}$

23 $3\frac{3}{16}+2\frac{6}{16}=5\frac{9}{16}$

29 $1\frac{6}{23}+1\frac{6}{23}=2\frac{12}{23}$

35 $2\frac{11}{34}+2\frac{18}{34}=4\frac{29}{34}$

18 $2\frac{3}{9}+5\frac{4}{9}=7\frac{7}{9}$

24 $2\frac{10}{17}+1\frac{4}{17}=3\frac{14}{17}$

30 $4\frac{8}{25}+2\frac{9}{25}=6\frac{17}{25}$

36 $1\frac{7}{40}+1\frac{2}{40}=2\frac{9}{40}$

DAY 12 (대분수)+(대분수)
: 진분수의 합이 1보다 큰 경우

이렇게 계산해요

$1\frac{3}{4}+1\frac{2}{4}$의 계산

방법 1
자연수끼리 더하기
$1\frac{3}{4}+1\frac{2}{4}=2+\frac{5}{4}=2+1\frac{1}{4}=3\frac{1}{4}$
진분수끼리 더하기

방법 2
분자끼리 더하기
$1\frac{3}{4}+1\frac{2}{4}=\frac{7+6}{4}=\frac{13}{4}=3\frac{1}{4}$
→ (가분수)+(가분수)로 바꾸기

● ☐ 안에 알맞은 수를 써넣으세요.

1. $2\frac{4}{5}+1\frac{3}{5}=3+\frac{7}{5}$
  $=3+1\frac{2}{5}$
  $=4\frac{2}{5}$

2. $2\frac{2}{6}+1\frac{5}{6}=3+\frac{7}{6}$
  $=3+1\frac{1}{6}$
  $=4\frac{1}{6}$

3. $3\frac{6}{7}+2\frac{5}{7}=5+\frac{11}{7}$
  $=5+1\frac{4}{7}$
  $=6\frac{4}{7}$

4. $2\frac{5}{8}+2\frac{5}{8}=4+\frac{10}{8}$
  $=4+1\frac{2}{8}$
  $=5\frac{2}{8}$

5. $1\frac{7}{9}+2\frac{3}{9}=\frac{16}{9}+\frac{21}{9}$
  $=\frac{37}{9}=4\frac{1}{9}$

6. $4\frac{5}{11}+1\frac{8}{11}=\frac{49}{11}+\frac{19}{11}$
  $=\frac{68}{11}=6\frac{2}{11}$

7. $3\frac{6}{15}+1\frac{14}{15}=\frac{51}{15}+\frac{29}{15}$
  $=\frac{80}{15}=5\frac{5}{15}$

8. $1\frac{16}{21}+1\frac{7}{21}=\frac{37}{21}+\frac{28}{21}$
  $=\frac{65}{21}=3\frac{2}{21}$

9. $1\frac{13}{26}+1\frac{16}{26}=\frac{39}{26}+\frac{42}{26}$
  $=\frac{81}{26}=3\frac{3}{26}$

10. $2\frac{4}{27}+2\frac{25}{27}$
  $=\frac{58}{27}+\frac{79}{27}$
  $=\frac{137}{27}=5\frac{2}{27}$

11. $3\frac{18}{30}+1\frac{29}{30}$
  $=\frac{108}{30}+\frac{59}{30}$
  $=\frac{167}{30}=5\frac{17}{30}$

12. $1\frac{8}{35}+2\frac{30}{35}$
  $=\frac{43}{35}+\frac{100}{35}$
  $=\frac{143}{35}=4\frac{3}{35}$

● 계산해 보세요.

13. $2\frac{2}{3}+3\frac{2}{3}=6\frac{1}{3}\left(=\frac{19}{3}\right)$

14. $3\frac{3}{4}+1\frac{3}{4}=5\frac{2}{4}\left(=\frac{22}{4}\right)$

15. $4\frac{3}{6}+2\frac{4}{6}=7\frac{1}{6}\left(=\frac{43}{6}\right)$

16. $1\frac{4}{7}+2\frac{5}{7}=4\frac{2}{7}\left(=\frac{30}{7}\right)$

17. $1\frac{7}{8}+5\frac{6}{8}=7\frac{5}{8}\left(=\frac{61}{8}\right)$

18. $2\frac{7}{9}+2\frac{6}{9}=5\frac{4}{9}\left(=\frac{49}{9}\right)$

19. $3\frac{4}{10}+2\frac{7}{10}=6\frac{1}{10}\left(=\frac{61}{10}\right)$

20. $5\frac{8}{12}+1\frac{5}{12}=7\frac{1}{12}\left(=\frac{85}{12}\right)$

21. $4\frac{12}{13}+5\frac{5}{13}=10\frac{4}{13}\left(=\frac{134}{13}\right)$

22. $1\frac{9}{14}+1\frac{13}{14}=3\frac{8}{14}\left(=\frac{50}{14}\right)$

23. $2\frac{15}{17}+3\frac{4}{17}=6\frac{2}{17}\left(=\frac{104}{17}\right)$

24. $2\frac{14}{18}+2\frac{13}{18}=5\frac{9}{18}\left(=\frac{99}{18}\right)$

25. $1\frac{9}{20}+3\frac{18}{20}=5\frac{7}{20}\left(=\frac{107}{20}\right)$

26. $3\frac{15}{21}+2\frac{17}{21}=6\frac{11}{21}\left(=\frac{137}{21}\right)$

27. $3\frac{7}{22}+4\frac{18}{22}=8\frac{3}{22}\left(=\frac{179}{22}\right)$

28. $4\frac{9}{23}+1\frac{22}{23}=6\frac{8}{23}\left(=\frac{146}{23}\right)$

29. $1\frac{10}{24}+4\frac{19}{24}=6\frac{5}{24}\left(=\frac{149}{24}\right)$

30. $5\frac{17}{25}+2\frac{9}{25}=8\frac{1}{25}\left(=\frac{201}{25}\right)$

31. $1\frac{15}{26}+1\frac{16}{26}=3\frac{5}{26}\left(=\frac{83}{26}\right)$

32. $4\frac{15}{28}+2\frac{14}{28}=7\frac{1}{28}\left(=\frac{197}{28}\right)$

33. $3\frac{19}{32}+1\frac{30}{32}=4\frac{17}{32}\left(=\frac{145}{32}\right)$

34. $3\frac{21}{33}+3\frac{15}{33}=7\frac{3}{33}\left(=\frac{234}{33}\right)$

35. $1\frac{25}{36}+4\frac{22}{36}=6\frac{11}{36}\left(=\frac{227}{36}\right)$

36. $3\frac{24}{39}+3\frac{17}{39}=7\frac{2}{39}\left(=\frac{275}{39}\right)$

DAY 13 (대분수)+(진분수), (진분수)+(대분수)

$1\frac{4}{5}+\frac{3}{5}$ 의 계산

자연수는 그대로 두기

방법 1 $1\frac{4}{5}+\frac{3}{5}=1+\frac{7}{5}=1+1\frac{2}{5}=2\frac{2}{5}$

분수끼리 더하기

분자끼리 더하기

방법 2 $1\frac{4}{5}+\frac{3}{5}=\frac{9}{5}+\frac{3}{5}=\frac{12}{5}=2\frac{2}{5}$

가분수로 나타내기

● □안에 알맞은 수를 써넣으세요.

1. $4\frac{3}{4}+\frac{2}{4}=4+\frac{\boxed{5}}{4}$
   $=4+1\frac{\boxed{1}}{4}$
   $=5\frac{\boxed{1}}{4}$

2. $3\frac{4}{5}+\frac{4}{5}=3+\frac{\boxed{8}}{5}$
   $=3+1\frac{\boxed{3}}{5}$
   $=4\frac{\boxed{3}}{5}$

3. $\frac{4}{6}+1\frac{5}{6}=1+\frac{\boxed{9}}{6}$
   $=1+1\frac{\boxed{3}}{6}$
   $=2\frac{\boxed{3}}{6}$

4. $\frac{6}{7}+2\frac{4}{7}=2+\frac{\boxed{10}}{7}$
   $=2+1\frac{\boxed{3}}{7}$
   $=3\frac{\boxed{3}}{7}$

5. $4\frac{5}{8}+\frac{7}{8}=\frac{\boxed{37}}{8}+\frac{7}{8}$
   $=\frac{\boxed{44}}{8}=5\frac{\boxed{4}}{8}$

6. $3\frac{5}{10}+\frac{8}{10}=\frac{\boxed{35}}{10}+\frac{8}{10}$
   $=\frac{\boxed{43}}{10}=4\frac{\boxed{3}}{10}$

7. $2\frac{9}{14}+\frac{10}{14}=\frac{\boxed{37}}{14}+\frac{10}{14}$
   $=\frac{\boxed{47}}{14}=3\frac{\boxed{5}}{14}$

8. $1\frac{8}{17}+\frac{15}{17}=\frac{\boxed{25}}{17}+\frac{15}{17}$
   $=\frac{\boxed{40}}{17}=2\frac{\boxed{6}}{17}$

9. $\frac{18}{20}+3\frac{11}{20}=\frac{18}{20}+\frac{\boxed{71}}{20}$
   $=\frac{\boxed{89}}{20}=4\frac{\boxed{9}}{20}$

10. $\frac{9}{23}+4\frac{20}{23}=\frac{9}{23}+\frac{\boxed{112}}{23}$
    $=\frac{\boxed{121}}{23}=5\frac{\boxed{6}}{23}$

11. $\frac{20}{28}+2\frac{17}{28}=\frac{20}{28}+\frac{\boxed{73}}{28}$
    $=\frac{\boxed{93}}{28}=3\frac{\boxed{9}}{28}$

12. $\frac{26}{32}+1\frac{19}{32}=\frac{26}{32}+\frac{\boxed{51}}{32}$
    $=\frac{\boxed{77}}{32}$
    $=2\frac{\boxed{13}}{32}$

● 계산해 보세요.

13. $1\frac{3}{4}+\frac{3}{4}=2\frac{2}{4}\left(=\frac{10}{4}\right)$

14. $3\frac{4}{5}+\frac{2}{5}=4\frac{1}{5}\left(=\frac{21}{5}\right)$

15. $2\frac{3}{6}+\frac{4}{6}=3\frac{1}{6}\left(=\frac{19}{6}\right)$

16. $4\frac{1}{7}+\frac{4}{7}=4\frac{5}{7}$

17. $2\frac{4}{9}+\frac{8}{9}=3\frac{3}{9}\left(=\frac{30}{9}\right)$

18. $6\frac{7}{10}+\frac{6}{10}=7\frac{3}{10}\left(=\frac{73}{10}\right)$

19. $1\frac{2}{11}+\frac{8}{11}=1\frac{10}{11}$

20. $1\frac{8}{12}+\frac{5}{12}=2\frac{1}{12}\left(=\frac{25}{12}\right)$

21. $3\frac{7}{13}+\frac{11}{13}=4\frac{5}{13}\left(=\frac{57}{13}\right)$

22. $5\frac{6}{15}+\frac{13}{15}=6\frac{4}{15}\left(=\frac{94}{15}\right)$

23. $2\frac{5}{16}+\frac{2}{16}=2\frac{7}{16}$

24. $3\frac{13}{18}+\frac{10}{18}=4\frac{5}{18}\left(=\frac{77}{18}\right)$

25. $\frac{4}{19}+4\frac{2}{19}=4\frac{6}{19}$

26. $\frac{16}{20}+2\frac{5}{20}=3\frac{1}{20}\left(=\frac{61}{20}\right)$

27. $\frac{6}{21}+3\frac{20}{21}=4\frac{5}{21}\left(=\frac{89}{21}\right)$

28. $\frac{15}{22}+5\frac{18}{22}=6\frac{11}{22}\left(=\frac{143}{22}\right)$

29. $\frac{6}{24}+6\frac{11}{24}=6\frac{17}{24}$

30. $\frac{13}{25}+1\frac{14}{25}=2\frac{2}{25}\left(=\frac{52}{25}\right)$

31. $\frac{2}{27}+3\frac{26}{27}=4\frac{1}{27}\left(=\frac{109}{27}\right)$

32. $\frac{25}{29}+7\frac{20}{29}=8\frac{16}{29}\left(=\frac{248}{29}\right)$

33. $\frac{17}{30}+1\frac{2}{30}=1\frac{19}{30}$

34. $\frac{22}{33}+2\frac{19}{33}=3\frac{8}{33}\left(=\frac{107}{33}\right)$

35. $\frac{19}{35}+4\frac{27}{35}=5\frac{11}{35}\left(=\frac{186}{35}\right)$

36. $\frac{26}{39}+3\frac{31}{39}=4\frac{18}{39}\left(=\frac{174}{39}\right)$

정답 · **13**

정답

정답 14쪽 | 맞힌 개수 : /36

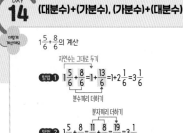

$1\frac{5}{6}+\frac{8}{6}$의 계산

자연수는 그대로 두기

방법 ❶ $1\frac{5}{6}+\frac{8}{6}=1+\frac{13}{6}=1+2\frac{1}{6}=3\frac{1}{6}$

분수끼리 더하기

분자끼리 더하기

방법 ❷ $1\frac{5}{6}+\frac{8}{6}=\frac{11}{6}+\frac{8}{6}=\frac{19}{6}=3\frac{1}{6}$

가분수로 나타내기

● □안에 알맞은 수를 써넣으세요.

1 $2\frac{2}{3}+\frac{5}{3}=2+\frac{\boxed{7}}{3}$
  $=\boxed{2}+2\frac{\boxed{1}}{3}$
  $=\boxed{4}\frac{\boxed{1}}{3}$

2 $3\frac{3}{4}+\frac{7}{4}=3+\frac{\boxed{10}}{4}$
  $=\boxed{3}+2\frac{\boxed{2}}{4}$
  $=\boxed{5}\frac{\boxed{2}}{4}$

3 $\frac{6}{5}+1\frac{3}{5}=1+\frac{\boxed{9}}{5}$
  $=\boxed{1}+1\frac{\boxed{4}}{5}$
  $=\boxed{2}\frac{\boxed{4}}{5}$

4 $\frac{11}{7}+4\frac{6}{7}=4+\frac{\boxed{17}}{7}$
  $=\boxed{4}+2\frac{\boxed{3}}{7}$
  $=\boxed{6}\frac{\boxed{3}}{7}$

5 $2\frac{7}{8}+\frac{11}{8}=\frac{\boxed{23}}{8}+\frac{11}{8}$
  $=\frac{\boxed{34}}{8}=4\frac{\boxed{2}}{8}$

6 $4\frac{6}{9}+\frac{17}{9}=\frac{\boxed{42}}{9}+\frac{17}{9}$
  $=\frac{\boxed{59}}{9}=6\frac{\boxed{5}}{9}$

7 $3\frac{8}{11}+\frac{18}{11}=\frac{\boxed{41}}{11}+\frac{18}{11}$
  $=\frac{\boxed{59}}{11}=5\frac{\boxed{4}}{11}$

8 $1\frac{11}{16}+\frac{28}{16}=\frac{\boxed{27}}{16}+\frac{28}{16}$
  $=\frac{\boxed{55}}{16}=3\frac{\boxed{7}}{16}$

9 $\frac{42}{22}+5\frac{9}{22}=\frac{42}{22}+\frac{\boxed{119}}{22}$
  $=\frac{\boxed{161}}{22}=7\frac{\boxed{7}}{22}$

10 $\frac{49}{25}+2\frac{14}{25}=\frac{49}{25}+\frac{\boxed{64}}{25}$
  $=\frac{\boxed{113}}{25}$
  $=4\frac{\boxed{13}}{25}$

11 $\frac{46}{31}+1\frac{22}{31}=\frac{46}{31}+\frac{\boxed{53}}{31}$
  $=\frac{\boxed{99}}{31}=3\frac{\boxed{6}}{31}$

12 $\frac{50}{37}+3\frac{32}{37}=\frac{50}{37}+\frac{\boxed{143}}{37}$
  $=\frac{\boxed{193}}{37}=5\frac{\boxed{8}}{37}$

정답 14쪽

● 계산해 보세요.

13 $1\frac{3}{4}+\frac{6}{4}=3\frac{1}{4}\left(=\frac{13}{4}\right)$

14 $4\frac{1}{5}+\frac{8}{5}=5\frac{4}{5}\left(=\frac{29}{5}\right)$

15 $3\frac{5}{6}+\frac{10}{6}=5\frac{3}{6}\left(=\frac{33}{6}\right)$

16 $2\frac{6}{7}+\frac{12}{7}=4\frac{4}{7}\left(=\frac{32}{7}\right)$

17 $4\frac{4}{8}+\frac{11}{8}=5\frac{7}{8}\left(=\frac{47}{8}\right)$

18 $1\frac{7}{9}+\frac{16}{9}=3\frac{5}{9}\left(=\frac{32}{9}\right)$

19 $2\frac{8}{10}+\frac{17}{10}=4\frac{5}{10}\left(=\frac{45}{10}\right)$

20 $4\frac{10}{11}+\frac{19}{11}=6\frac{7}{11}\left(=\frac{73}{11}\right)$

21 $3\frac{7}{12}+\frac{16}{12}=4\frac{11}{12}\left(=\frac{59}{12}\right)$

22 $5\frac{9}{13}+\frac{25}{13}=7\frac{8}{13}\left(=\frac{99}{13}\right)$

23 $4\frac{8}{14}+\frac{25}{14}=6\frac{5}{14}\left(=\frac{89}{14}\right)$

24 $2\frac{4}{15}+\frac{29}{15}=4\frac{3}{15}\left(=\frac{63}{15}\right)$

25 $\frac{20}{17}+3\frac{15}{17}=5\frac{1}{17}\left(=\frac{86}{17}\right)$

26 $\frac{24}{18}+1\frac{17}{18}=3\frac{5}{18}\left(=\frac{59}{18}\right)$

27 $\frac{31}{20}+2\frac{6}{20}=3\frac{17}{20}\left(=\frac{77}{20}\right)$

28 $\frac{28}{21}+4\frac{16}{21}=6\frac{2}{21}\left(=\frac{128}{21}\right)$

29 $\frac{40}{23}+1\frac{17}{23}=3\frac{11}{23}\left(=\frac{80}{23}\right)$

30 $\frac{38}{24}+2\frac{23}{24}=4\frac{13}{24}\left(=\frac{109}{24}\right)$

31 $\frac{28}{26}+3\frac{12}{26}=4\frac{14}{26}\left(=\frac{118}{26}\right)$

32 $\frac{41}{27}+4\frac{23}{27}=6\frac{10}{27}\left(=\frac{172}{27}\right)$

33 $\frac{52}{30}+2\frac{5}{30}=3\frac{27}{30}\left(=\frac{117}{30}\right)$

34 $\frac{50}{32}+1\frac{17}{32}=3\frac{3}{32}\left(=\frac{99}{32}\right)$

35 $\frac{49}{36}+3\frac{28}{36}=5\frac{5}{36}\left(=\frac{185}{36}\right)$

36 $\frac{73}{40}+2\frac{19}{40}=4\frac{12}{40}\left(=\frac{172}{40}\right)$

14 · 더 연산 분수 A

정답 15쪽 | 맞힌 개수: /24

● 계산해 보세요.

1 $1\frac{1}{3}+2\frac{1}{3}=3\frac{2}{3}$

7 $\frac{11}{12}+\frac{8}{12}=1\frac{7}{12}\left(=\frac{19}{12}\right)$

13 $\frac{15}{22}+\frac{16}{22}=1\frac{9}{22}\left(=\frac{31}{22}\right)$

19 $2\frac{19}{30}+\frac{18}{30}=3\frac{7}{30}\left(=\frac{97}{30}\right)$

2

2 $\frac{3}{5}+\frac{1}{5}=\frac{4}{5}$

8 $\frac{11}{13}+4\frac{9}{13}=5\frac{7}{13}\left(=\frac{72}{13}\right)$

14 $1\frac{15}{23}+2\frac{16}{23}=4\frac{8}{23}\left(=\frac{100}{23}\right)$

20 $\frac{25}{32}+\frac{30}{32}=1\frac{23}{32}\left(=\frac{55}{32}\right)$

3 $1\frac{5}{6}+2\frac{4}{6}=4\frac{3}{6}\left(=\frac{27}{6}\right)$

9 $2\frac{7}{15}+1\frac{4}{15}=3\frac{11}{15}$

15 $\frac{46}{25}+4\frac{12}{25}=6\frac{8}{25}\left(=\frac{158}{25}\right)$

21 $\frac{11}{34}+\frac{16}{34}=\frac{27}{34}$

4 $2\frac{3}{7}+\frac{6}{7}=3\frac{2}{7}\left(=\frac{23}{7}\right)$

10 $\frac{7}{16}+\frac{4}{16}=\frac{11}{16}$

16 $\frac{5}{27}+5\frac{14}{27}=5\frac{19}{27}$

22 $2\frac{17}{35}+4\frac{31}{35}=7\frac{13}{35}\left(=\frac{258}{35}\right)$

5 $\frac{8}{9}+\frac{6}{9}=1\frac{5}{9}\left(=\frac{14}{9}\right)$

11 $3\frac{13}{18}+1\frac{16}{18}=5\frac{11}{18}\left(=\frac{101}{18}\right)$

17 $\frac{17}{28}+\frac{2}{28}=\frac{19}{28}$

23 $\frac{52}{36}+6\frac{31}{36}=8\frac{11}{36}\left(=\frac{299}{36}\right)$

6 $1\frac{7}{10}+\frac{12}{10}=2\frac{9}{10}\left(=\frac{29}{10}\right)$

12 $4\frac{9}{20}+1\frac{8}{20}=5\frac{17}{20}$

18 $3\frac{28}{29}+\frac{42}{29}=5\frac{12}{29}\left(=\frac{157}{29}\right)$

24 $2\frac{15}{38}+2\frac{16}{38}=4\frac{31}{38}$

숨은그림 찾기 ☆

정답 15쪽

❯❯ 숨은 그림 8개를 찾아보세요.

정답

 DAY 16 (진분수)-(진분수)

정답 16쪽 | 맞힌 개수: /42

$$\frac{2}{3}$$

$$\frac{1}{3}$$

분자끼리 빼기

$$\rightarrow \frac{2}{3} - \frac{1}{3} = \frac{2-1}{3} = \frac{1}{3}$$

분모는 그대로 두기

● 그림을 보고 □ 안에 알맞은 수를 써넣으세요.

1 $\frac{3}{4}$

$\frac{2}{4}$

→ $\frac{3}{4} - \frac{2}{4} = \frac{1}{4}$

2 $\frac{4}{5}$

$\frac{2}{5}$

→ $\frac{4}{5} - \frac{2}{5} = \frac{2}{5}$

3 $\frac{5}{6}$

$\frac{4}{6}$

→ $\frac{5}{6} - \frac{4}{6} = \frac{1}{6}$

4 $\frac{5}{7}$

$\frac{3}{7}$

→ $\frac{5}{7} - \frac{3}{7} = \frac{2}{7}$

5 $\frac{5}{8}$

$\frac{2}{8}$

→ $\frac{5}{8} - \frac{2}{8} = \frac{3}{8}$

6 $\frac{8}{9}$

$\frac{3}{9}$

→ $\frac{8}{9} - \frac{3}{9} = \frac{5}{9}$

● □ 안에 알맞은 수를 써넣으세요.

7 $\frac{7}{10} - \frac{4}{10} = \frac{7-4}{10} = \frac{3}{10}$

8 $\frac{10}{11} - \frac{2}{11} = \frac{10-2}{11} = \frac{8}{11}$

9 $\frac{9}{14} - \frac{4}{14} = \frac{9-4}{14} = \frac{5}{14}$

10 $\frac{12}{17} - \frac{10}{17} = \frac{12-10}{17} = \frac{2}{17}$

11 $\frac{9}{18} - \frac{2}{18} = \frac{9-2}{18} = \frac{7}{18}$

12 $\frac{17}{21} - \frac{6}{21} = \frac{17-6}{21} = \frac{11}{21}$

13 $\frac{8}{23} - \frac{1}{23} = \frac{8-1}{23} = \frac{7}{23}$

14 $\frac{19}{26} - \frac{4}{26} = \frac{19-4}{26} = \frac{15}{26}$

15 $\frac{21}{29} - \frac{5}{29} = \frac{21-5}{29} = \frac{16}{29}$

16 $\frac{11}{32} - \frac{6}{32} = \frac{11-6}{32} = \frac{5}{32}$

17 $\frac{17}{35} - \frac{13}{35} = \frac{17-13}{35} = \frac{4}{35}$

18 $\frac{23}{38} - \frac{16}{38} = \frac{23-16}{38} = \frac{7}{38}$

3

정답 16쪽

● 계산해 보세요.

19 $\frac{2}{4} - \frac{1}{4} = \frac{1}{4}$

20 $\frac{3}{5} - \frac{1}{5} = \frac{2}{5}$

21 $\frac{4}{6} - \frac{1}{6} = \frac{3}{6}$

22 $\frac{6}{7} - \frac{2}{7} = \frac{4}{7}$

23 $\frac{7}{9} - \frac{3}{9} = \frac{4}{9}$

24 $\frac{8}{11} - \frac{2}{11} = \frac{6}{11}$

25 $\frac{10}{12} - \frac{5}{12} = \frac{5}{12}$

26 $\frac{7}{13} - \frac{1}{13} = \frac{6}{13}$

27 $\frac{12}{15} - \frac{4}{15} = \frac{8}{15}$

28 $\frac{9}{16} - \frac{2}{16} = \frac{7}{16}$

29 $\frac{11}{17} - \frac{2}{17} = \frac{9}{17}$

30 $\frac{13}{18} - \frac{6}{18} = \frac{7}{18}$

31 $\frac{15}{19} - \frac{7}{19} = \frac{8}{19}$

32 $\frac{16}{20} - \frac{5}{20} = \frac{11}{20}$

33 $\frac{9}{22} - \frac{6}{22} = \frac{3}{22}$

34 $\frac{17}{24} - \frac{10}{24} = \frac{7}{24}$

35 $\frac{24}{25} - \frac{7}{25} = \frac{17}{25}$

36 $\frac{13}{27} - \frac{6}{27} = \frac{7}{27}$

37 $\frac{12}{28} - \frac{7}{28} = \frac{5}{28}$

38 $\frac{19}{30} - \frac{8}{30} = \frac{11}{30}$

39 $\frac{14}{31} - \frac{4}{31} = \frac{10}{31}$

40 $\frac{8}{33} - \frac{2}{33} = \frac{6}{33}$

41 $\frac{26}{37} - \frac{5}{37} = \frac{21}{37}$

42 $\frac{11}{40} - \frac{2}{40} = \frac{9}{40}$

3

DAY 17 (대분수)−(대분수)
: 진분수끼리 뺄 수 있는 경우

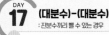

정답 17쪽 | 맞힌 개수:　/36

자연수끼리 빼기

$$2\frac{4}{6} - 1\frac{3}{6} = 1\frac{1}{6}$$

진분수끼리 빼기

● 그림을 보고 □ 안에 알맞은 수를 써넣으세요.

1　$2\frac{2}{3}$　$1\frac{1}{3}$

$\rightarrow 2\frac{2}{3} - 1\frac{1}{3} = 1\frac{1}{3}$

3　$2\frac{5}{6}$　$1\frac{3}{6}$

$\rightarrow 2\frac{5}{6} - 1\frac{3}{6} = 1\frac{2}{6}$

2　$1\frac{2}{5}$　$1\frac{1}{5}$

$\rightarrow 1\frac{2}{5} - 1\frac{1}{5} = \frac{1}{5}$

4　$2\frac{5}{8}$　$2\frac{1}{8}$

$\rightarrow 2\frac{5}{8} - 2\frac{1}{8} = \frac{4}{8}$

● □ 안에 알맞은 수를 써넣으세요.

5　$3\frac{8}{10} - 1\frac{7}{10} = 2 + \frac{1}{10}$
$= 2\frac{1}{10}$

6　$4\frac{5}{14} - 3\frac{3}{14} = 1 + \frac{2}{14}$
$= 1\frac{2}{14}$

7　$2\frac{6}{17} - 1\frac{1}{17} = 1 + \frac{5}{17}$
$= 1\frac{5}{17}$

8　$5\frac{11}{21} - 3\frac{1}{21} = 2 + \frac{10}{21}$
$= 2\frac{10}{21}$

9　$3\frac{13}{25} - 2\frac{7}{25} = 1 + \frac{6}{25}$
$= 1\frac{6}{25}$

10　$6\frac{25}{28} - 1\frac{10}{28} = 5 + \frac{15}{28}$
$= 5\frac{15}{28}$

11　$4\frac{17}{32} - 2\frac{6}{32} = 2 + \frac{11}{32}$
$= 2\frac{11}{32}$

12　$5\frac{31}{37} - 4\frac{16}{37} = 1 + \frac{15}{37}$
$= 1\frac{15}{37}$

74 · 더 연산 분수 A

3. 분모가 같은 분수의 뺄셈 · **75**

정답 17쪽

● 계산해 보세요.

13　$4\frac{2}{3} - 1\frac{1}{3} = 3\frac{1}{3}$

14　$5\frac{3}{4} - 4\frac{2}{4} = 1\frac{1}{4}$

15　$2\frac{4}{5} - 1\frac{2}{5} = 1\frac{2}{5}$

16　$3\frac{6}{7} - 1\frac{3}{7} = 2\frac{3}{7}$

17　$4\frac{7}{8} - 2\frac{4}{8} = 2\frac{3}{8}$

18　$6\frac{7}{9} - 6\frac{2}{9} = \frac{5}{9}$

19　$5\frac{7}{10} - 1\frac{6}{10} = 4\frac{1}{10}$

20　$3\frac{9}{11} - 1\frac{6}{11} = 2\frac{3}{11}$

21　$4\frac{8}{12} - 3\frac{3}{12} = 1\frac{5}{12}$

22　$2\frac{7}{13} - 1\frac{6}{13} = 1\frac{1}{13}$

23　$6\frac{12}{15} - 4\frac{5}{15} = 2\frac{7}{15}$

24　$5\frac{15}{16} - 4\frac{10}{16} = 1\frac{5}{16}$

25　$3\frac{12}{18} - 1\frac{11}{18} = 2\frac{1}{18}$

26　$2\frac{18}{19} - 1\frac{10}{19} = 1\frac{8}{19}$

27　$4\frac{9}{20} - 2\frac{6}{20} = 2\frac{3}{20}$

28　$5\frac{4}{22} - 4\frac{1}{22} = 1\frac{3}{22}$

29　$3\frac{18}{23} - 2\frac{10}{23} = 1\frac{8}{23}$

30　$4\frac{17}{26} - 1\frac{12}{26} = 3\frac{5}{26}$

31　$6\frac{22}{27} - 3\frac{14}{27} = 3\frac{8}{27}$

32　$5\frac{25}{29} - 1\frac{16}{29} = 4\frac{9}{29}$

33　$2\frac{11}{30} - 1\frac{4}{30} = 1\frac{7}{30}$

34　$3\frac{22}{33} - 2\frac{6}{33} = 1\frac{16}{33}$

35　$4\frac{16}{35} - 1\frac{8}{35} = 3\frac{8}{35}$

36　$5\frac{21}{40} - 4\frac{8}{40} = 1\frac{13}{40}$

76 · 더 연산 분수 A

3. 분모가 같은 분수의 뺄셈 · **77**

정답 · **1ᵀ**

정답

18 DAY 1-(진분수)

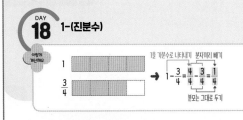

●그림을 보고 □안에 알맞은 수를 써넣으세요.

1 1

$\frac{1}{2}$

→ $1 - \frac{1}{2} = \frac{1}{2}$

2 1

$\frac{1}{3}$

→ $1 - \frac{1}{3} = \frac{2}{3}$

3 1

$\frac{3}{5}$

→ $1 - \frac{3}{5} = \frac{2}{5}$

4 1

$\frac{2}{6}$

→ $1 - \frac{2}{6} = \frac{4}{6}$

5 1

$\frac{2}{7}$

→ $1 - \frac{2}{7} = \frac{5}{7}$

6 1

$\frac{7}{8}$

→ $1 - \frac{7}{8} = \frac{1}{8}$

● □안에 알맞은 수를 써넣으세요.

7 $1 - \frac{5}{9} = \frac{9}{9} - \frac{5}{9} = \frac{4}{9}$

8 $1 - \frac{1}{10} = \frac{10}{10} - \frac{1}{10} = \frac{9}{10}$

9 $1 - \frac{7}{12} = \frac{12}{12} - \frac{7}{12} = \frac{5}{12}$

10 $1 - \frac{5}{14} = \frac{14}{14} - \frac{5}{14} = \frac{9}{14}$

11 $1 - \frac{3}{17} = \frac{17}{17} - \frac{3}{17} = \frac{14}{17}$

12 $1 - \frac{11}{21} = \frac{21}{21} - \frac{11}{21} = \frac{10}{21}$

13 $1 - \frac{9}{22} = \frac{22}{22} - \frac{9}{22} = \frac{13}{22}$

14 $1 - \frac{6}{25} = \frac{25}{25} - \frac{6}{25} = \frac{19}{25}$

15 $1 - \frac{16}{29} = \frac{29}{29} - \frac{16}{29} = \frac{13}{29}$

16 $1 - \frac{27}{32} = \frac{32}{32} - \frac{27}{32} = \frac{5}{32}$

17 $1 - \frac{28}{36} = \frac{36}{36} - \frac{28}{36} = \frac{8}{36}$

18 $1 - \frac{27}{38} = \frac{38}{38} - \frac{27}{38} = \frac{11}{38}$

3

●계산해 보세요.

19 $1 - \frac{2}{3} = \frac{1}{3}$

20 $1 - \frac{1}{4} = \frac{3}{4}$

21 $1 - \frac{2}{5} = \frac{3}{5}$

22 $1 - \frac{3}{6} = \frac{3}{6}$

23 $1 - \frac{3}{7} = \frac{4}{7}$

24 $1 - \frac{2}{9} = \frac{7}{9}$

25 $1 - \frac{8}{11} = \frac{3}{11}$

26 $1 - \frac{6}{13} = \frac{7}{13}$

27 $1 - \frac{9}{14} = \frac{5}{14}$

28 $1 - \frac{11}{15} = \frac{4}{15}$

29 $1 - \frac{5}{16} = \frac{11}{16}$

30 $1 - \frac{13}{18} = \frac{5}{18}$

31 $1 - \frac{7}{19} = \frac{12}{19}$

32 $2 - \frac{13}{20} = \frac{7}{20}$

33 $2 - \frac{17}{21} = \frac{4}{21}$

34 $1 - \frac{13}{23} = \frac{10}{23}$

35 $1 - \frac{11}{24} = \frac{13}{24}$

36 $1 - \frac{25}{26} = \frac{1}{26}$

37 $1 - \frac{11}{27} = \frac{16}{27}$

38 $1 - \frac{9}{28} = \frac{19}{28}$

39 $1 - \frac{7}{30} = \frac{23}{30}$

40 $1 - \frac{23}{33} = \frac{10}{33}$

41 $1 - \frac{17}{35} = \frac{18}{35}$

42 $1 - \frac{19}{40} = \frac{21}{40}$

3

DAY 19 (자연수)-(진분수)

정답 19쪽 | 맞힌 개수: /38

3-2/5의 계산

자연수에서 1만큼을 가분수로 나타내기

방법 1 $3-\frac{2}{5}=2\frac{5}{5}-\frac{2}{5}=2\frac{3}{5}$

분수끼리 빼기

분자끼리 빼기

방법 2 $3-\frac{2}{5}=\frac{15}{5}-\frac{2}{5}=\frac{13}{5}=2\frac{3}{5}$

가분수로 나타내기   대분수로 나타내기

● □ 안에 알맞은 수를 써넣으세요.

1 $2-\frac{2}{3}=1\frac{3}{3}-\frac{2}{3}=1\frac{1}{3}$

2 $5-\frac{4}{5}=4\frac{5}{5}-\frac{4}{5}=4\frac{1}{5}$

3 $4-\frac{1}{6}=3\frac{6}{6}-\frac{1}{6}=3\frac{5}{6}$

4 $6-\frac{4}{7}=5\frac{7}{7}-\frac{4}{7}=5\frac{3}{7}$

5 $3-\frac{5}{8}=2\frac{8}{8}-\frac{5}{8}=2\frac{3}{8}$

6 $7-\frac{1}{9}=6\frac{9}{9}-\frac{1}{9}=6\frac{8}{9}$

7 $3-\frac{4}{11}=\frac{33}{11}-\frac{4}{11}=\frac{29}{11}=2\frac{7}{11}$

8 $5-\frac{7}{13}=\frac{65}{13}-\frac{7}{13}=\frac{58}{13}=4\frac{6}{13}$

9 $2-\frac{5}{16}=\frac{32}{16}-\frac{5}{16}=\frac{27}{16}=1\frac{11}{16}$

10 $4-\frac{7}{22}=\frac{88}{22}-\frac{7}{22}=\frac{81}{22}=3\frac{15}{22}$

11 $6-\frac{12}{25}=\frac{150}{25}-\frac{12}{25}=\frac{138}{25}=5\frac{13}{25}$

12 $5-\frac{19}{26}=\frac{130}{26}-\frac{19}{26}=\frac{111}{26}=4\frac{7}{26}$

13 $3-\frac{8}{31}=\frac{93}{31}-\frac{8}{31}=\frac{85}{31}=2\frac{23}{31}$

14 $2-\frac{11}{38}=\frac{76}{38}-\frac{11}{38}=\frac{65}{38}=1\frac{27}{38}$

3

정답 19쪽

● 계산해 보세요.

15 $3-\frac{3}{4}=2\frac{1}{4}\left(=\frac{9}{4}\right)$

16 $2-\frac{3}{5}=1\frac{2}{5}\left(=\frac{7}{5}\right)$

17 $5-\frac{5}{6}=4\frac{1}{6}\left(=\frac{25}{6}\right)$

18 $4-\frac{2}{7}=3\frac{5}{7}\left(=\frac{26}{7}\right)$

19 $3-\frac{7}{8}=2\frac{1}{8}\left(=\frac{17}{8}\right)$

20 $2-\frac{4}{9}=1\frac{5}{9}\left(=\frac{14}{9}\right)$

21 $6-\frac{7}{10}=5\frac{3}{10}\left(=\frac{53}{10}\right)$

22 $5-\frac{7}{12}=4\frac{5}{12}\left(=\frac{53}{12}\right)$

23 $4-\frac{9}{14}=3\frac{5}{14}\left(=\frac{47}{14}\right)$

24 $2-\frac{11}{15}=1\frac{4}{15}\left(=\frac{19}{15}\right)$

25 $7-\frac{3}{17}=6\frac{14}{17}\left(=\frac{116}{17}\right)$

26 $3-\frac{7}{18}=2\frac{11}{18}\left(=\frac{47}{18}\right)$

27 $4-\frac{13}{19}=3\frac{6}{19}\left(=\frac{63}{19}\right)$

28 $2-\frac{9}{20}=1\frac{11}{20}\left(=\frac{31}{20}\right)$

29 $5-\frac{8}{21}=4\frac{13}{21}\left(=\frac{97}{21}\right)$

30 $6-\frac{15}{23}=5\frac{8}{23}\left(=\frac{123}{23}\right)$

31 $3-\frac{11}{25}=2\frac{14}{25}\left(=\frac{64}{25}\right)$

32 $2-\frac{15}{26}=1\frac{11}{26}\left(=\frac{37}{26}\right)$

33 $4-\frac{10}{27}=3\frac{17}{27}\left(=\frac{98}{27}\right)$

34 $5-\frac{11}{30}=4\frac{19}{30}\left(=\frac{139}{30}\right)$

35 $3-\frac{23}{32}=2\frac{9}{32}\left(=\frac{73}{32}\right)$

36 $2-\frac{26}{33}=1\frac{7}{33}\left(=\frac{40}{33}\right)$

37 $6-\frac{8}{35}=5\frac{27}{35}\left(=\frac{202}{35}\right)$

38 $4-\frac{19}{40}=3\frac{21}{40}\left(=\frac{141}{40}\right)$

3

DAY 20 (자연수)−(대분수)

어떻게 계산해요?

$4-1\frac{2}{3}$의 계산

방법 ❶ 자연수에서 1만큼을 가분수로 나타내기 / 분수끼리 빼기
$$4-1\frac{2}{3}=3\frac{3}{3}-1\frac{2}{3}=2\frac{1}{3}$$
자연수끼리 빼기

방법 ❷ 분자끼리 빼기
$$4-1\frac{2}{3}=\frac{12}{3}-\frac{5}{3}=\frac{7}{3}=2\frac{1}{3}$$
→ (가분수)−(가분수)로 바꾸기

● □안에 알맞은 수를 써넣으세요.

1 $3-1\frac{1}{2}=2\frac{\boxed{2}}{2}-1\frac{1}{2}$
    $=1\frac{\boxed{1}}{2}$

2 $2-1\frac{3}{4}=1\frac{\boxed{4}}{4}-1\frac{3}{4}=\frac{\boxed{1}}{4}$

3 $4-1\frac{2}{5}=3\frac{\boxed{5}}{5}-1\frac{2}{5}$
    $=\boxed{2}\frac{3}{5}$

4 $5-1\frac{5}{6}=4\frac{\boxed{6}}{6}-1\frac{5}{6}$
    $=\boxed{3}\frac{1}{6}$

5 $3-2\frac{2}{7}=2\frac{\boxed{7}}{7}-2\frac{2}{7}=\frac{\boxed{5}}{7}$

6 $4-1\frac{3}{8}=3\frac{\boxed{8}}{8}-1\frac{3}{8}$
    $=\boxed{2}\frac{5}{8}$

7 $6-3\frac{7}{10}=\frac{\boxed{60}}{10}-\frac{\boxed{37}}{10}$
    $=\frac{\boxed{23}}{10}=2\frac{\boxed{3}}{10}$

8 $5-3\frac{7}{12}=\frac{\boxed{60}}{12}-\frac{\boxed{43}}{12}$
    $=\frac{\boxed{17}}{12}=1\frac{\boxed{5}}{12}$

9 $2-1\frac{9}{14}=\frac{\boxed{28}}{14}-\frac{\boxed{23}}{14}$
    $=\frac{\boxed{5}}{14}$

10 $4-2\frac{7}{20}=\frac{\boxed{80}}{20}-\frac{\boxed{47}}{20}$
    $=\frac{\boxed{33}}{20}=1\frac{\boxed{13}}{20}$

11 $5-3\frac{8}{23}=\frac{\boxed{115}}{23}-\frac{\boxed{77}}{23}$
    $=\frac{\boxed{38}}{23}=1\frac{\boxed{15}}{23}$

12 $6-4\frac{13}{27}=\frac{\boxed{162}}{27}-\frac{\boxed{121}}{27}$
    $=\frac{\boxed{41}}{27}=1\frac{\boxed{14}}{27}$

13 $3-1\frac{9}{32}=\frac{\boxed{96}}{32}-\frac{\boxed{41}}{32}$
    $=\frac{\boxed{55}}{32}=1\frac{\boxed{23}}{32}$

14 $4-3\frac{27}{38}=\frac{\boxed{152}}{38}-\frac{\boxed{141}}{38}$
    $=\frac{\boxed{11}}{38}$

● 계산해 보세요.

15 $5-3\frac{1}{3}=1\frac{2}{3}\left(=\frac{5}{3}\right)$

16 $4-2\frac{3}{4}=1\frac{1}{4}\left(=\frac{5}{4}\right)$

17 $3-1\frac{1}{5}=1\frac{4}{5}\left(=\frac{9}{5}\right)$

18 $6-3\frac{2}{6}=2\frac{4}{6}\left(=\frac{16}{6}\right)$

19 $2-1\frac{5}{7}=\frac{2}{7}$

20 $4-2\frac{1}{8}=1\frac{7}{8}\left(=\frac{15}{8}\right)$

21 $5-4\frac{5}{9}=\frac{4}{9}$

22 $3-1\frac{4}{11}=1\frac{7}{11}\left(=\frac{18}{11}\right)$

23 $6-5\frac{8}{13}=\frac{5}{13}$

24 $4-1\frac{7}{15}=2\frac{8}{15}\left(=\frac{38}{15}\right)$

25 $5-2\frac{9}{16}=2\frac{7}{16}\left(=\frac{39}{16}\right)$

26 $2-1\frac{2}{17}=\frac{15}{17}$

27 $3-1\frac{13}{18}=1\frac{5}{18}\left(=\frac{23}{18}\right)$

28 $4-2\frac{11}{19}=1\frac{8}{19}\left(=\frac{27}{19}\right)$

29 $5-2\frac{16}{21}=2\frac{5}{21}\left(=\frac{47}{21}\right)$

30 $6-2\frac{7}{22}=3\frac{15}{22}\left(=\frac{81}{22}\right)$

31 $4-1\frac{17}{24}=2\frac{7}{24}\left(=\frac{55}{24}\right)$

32 $5-1\frac{17}{25}=3\frac{8}{25}\left(=\frac{83}{25}\right)$

33 $2-1\frac{15}{26}=\frac{11}{26}$

34 $3-2\frac{15}{28}=\frac{13}{28}$

35 $4-1\frac{19}{30}=2\frac{11}{30}\left(=\frac{71}{30}\right)$

36 $5-1\frac{25}{34}=3\frac{9}{34}\left(=\frac{111}{34}\right)$

37 $2-1\frac{7}{36}=\frac{29}{36}$

38 $6-3\frac{23}{40}=2\frac{17}{40}\left(=\frac{97}{40}\right)$

DAY 21 (자연수)−(가분수)

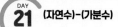

정답 21쪽 | 맞힌 개수: /38

이렇게 계산해요

$3-\dfrac{3}{2}$의 계산

자연수에서 1만큼을 가분수로 나타내기

방법 1 $3-\dfrac{3}{2}=2\dfrac{2}{2}-1\dfrac{1}{2}=1\dfrac{1}{2}$

대분수로 나타내기

분자끼리 빼기

방법 2 $3-\dfrac{3}{2}=\dfrac{6}{2}-\dfrac{3}{2}=\dfrac{3}{2}=1\dfrac{1}{2}$

가분수로 나타내기

● ☐ 안에 알맞은 수를 써넣으세요.

1 $4-\dfrac{7}{3}=3\dfrac{\boxed{3}}{3}-2\dfrac{\boxed{1}}{3}$
   $=1\dfrac{\boxed{2}}{3}$

2 $6-\dfrac{12}{5}=5\dfrac{\boxed{5}}{5}-2\dfrac{\boxed{2}}{5}$
   $=\boxed{3}\dfrac{\boxed{3}}{5}$

3 $5-\dfrac{16}{7}=4\dfrac{\boxed{7}}{7}-2\dfrac{\boxed{2}}{7}$
   $=\boxed{2}\dfrac{\boxed{5}}{7}$

4 $2-\dfrac{13}{8}=1\dfrac{\boxed{8}}{8}-1\dfrac{\boxed{5}}{8}$
   $=\dfrac{\boxed{3}}{8}$

5 $6-\dfrac{17}{10}=5\dfrac{\boxed{10}}{10}-1\dfrac{\boxed{7}}{10}$
   $=\boxed{4}\dfrac{\boxed{3}}{10}$

6 $3-\dfrac{15}{14}=2\dfrac{\boxed{14}}{14}-1\dfrac{\boxed{1}}{14}$
   $=\boxed{1}\dfrac{\boxed{13}}{14}$

7 $4-\dfrac{31}{15}=\dfrac{\boxed{60}}{15}-\dfrac{31}{15}$
   $=\dfrac{\boxed{29}}{15}=\boxed{1}\dfrac{\boxed{14}}{15}$

8 $2-\dfrac{35}{18}=\dfrac{\boxed{36}}{18}-\dfrac{35}{18}$
   $=\dfrac{\boxed{1}}{18}$

9 $5-\dfrac{31}{20}=\dfrac{\boxed{100}}{20}-\dfrac{31}{20}$
   $=\dfrac{\boxed{69}}{20}=\boxed{3}\dfrac{\boxed{9}}{20}$

10 $4-\dfrac{49}{22}=\dfrac{\boxed{88}}{22}-\dfrac{49}{22}$
    $=\dfrac{\boxed{39}}{22}=\boxed{1}\dfrac{\boxed{17}}{22}$

11 $6-\dfrac{105}{26}=\dfrac{\boxed{156}}{26}-\dfrac{105}{26}$
    $=\dfrac{\boxed{51}}{26}=\boxed{1}\dfrac{\boxed{25}}{26}$

12 $3-\dfrac{30}{29}=\dfrac{\boxed{87}}{29}-\dfrac{30}{29}$
    $=\dfrac{\boxed{57}}{29}=\boxed{1}\dfrac{\boxed{28}}{29}$

13 $4-\dfrac{37}{30}=\dfrac{\boxed{120}}{30}-\dfrac{37}{30}$
    $=\dfrac{\boxed{83}}{30}=\boxed{2}\dfrac{\boxed{23}}{30}$

14 $5-\dfrac{74}{35}=\dfrac{\boxed{175}}{35}-\dfrac{74}{35}$
    $=\dfrac{\boxed{101}}{35}=\boxed{2}\dfrac{\boxed{31}}{35}$

90 · 더 연산 분수 A

3. 분모가 같은 분수의 뺄셈 · 91

정답 21쪽

● 계산해 보세요.

15 $2-\dfrac{5}{3}=\dfrac{1}{3}$

16 $5-\dfrac{11}{4}=2\dfrac{1}{4}\left(=\dfrac{9}{4}\right)$

17 $4-\dfrac{14}{5}=1\dfrac{1}{5}\left(=\dfrac{6}{5}\right)$

18 $3-\dfrac{7}{6}=1\dfrac{5}{6}\left(=\dfrac{11}{6}\right)$

19 $4-\dfrac{15}{8}=2\dfrac{1}{8}\left(=\dfrac{17}{8}\right)$

20 $6-\dfrac{28}{9}=2\dfrac{8}{9}\left(=\dfrac{26}{9}\right)$

21 $5-\dfrac{47}{11}=\dfrac{8}{11}$

22 $3-\dfrac{17}{12}=1\dfrac{7}{12}\left(=\dfrac{19}{12}\right)$

23 $2-\dfrac{15}{13}=\dfrac{11}{13}$

24 $7-\dfrac{37}{16}=4\dfrac{11}{16}\left(=\dfrac{75}{16}\right)$

25 $5-\dfrac{22}{17}=3\dfrac{12}{17}\left(=\dfrac{63}{17}\right)$

26 $4-\dfrac{28}{19}=2\dfrac{10}{19}\left(=\dfrac{48}{19}\right)$

27 $3-\dfrac{27}{20}=1\dfrac{13}{20}\left(=\dfrac{33}{20}\right)$

28 $6-\dfrac{44}{21}=3\dfrac{19}{21}\left(=\dfrac{82}{21}\right)$

29 $5-\dfrac{61}{23}=2\dfrac{8}{23}\left(=\dfrac{54}{23}\right)$

30 $2-\dfrac{37}{24}=\dfrac{11}{24}$

31 $4-\dfrac{74}{25}=1\dfrac{1}{25}\left(=\dfrac{26}{25}\right)$

32 $6-\dfrac{50}{27}=4\dfrac{4}{27}\left(=\dfrac{112}{27}\right)$

33 $3-\dfrac{33}{28}=1\dfrac{23}{28}\left(=\dfrac{51}{28}\right)$

34 $5-\dfrac{41}{31}=3\dfrac{21}{31}\left(=\dfrac{114}{31}\right)$

35 $2-\dfrac{51}{32}=\dfrac{13}{32}$

36 $7-\dfrac{91}{34}=4\dfrac{11}{34}\left(=\dfrac{147}{34}\right)$

37 $6-\dfrac{55}{37}=4\dfrac{19}{37}\left(=\dfrac{167}{37}\right)$

38 $4-\dfrac{67}{40}=2\dfrac{13}{40}\left(=\dfrac{93}{40}\right)$

92 · 더 연산 분수 A

3. 분모가 같은 분수의 뺄셈 · 93

정답 · **21**

DAY 22 (대분수)−(진분수)

정답 22쪽 | 맞힌 개수 : /38

이렇게 개념쏙쏙

$2\frac{1}{4}-\frac{3}{4}$ 의 계산

자연수에서 1만큼을
가분수로 나타내기   분수끼리 빼기

방법 1 $2\frac{1}{4}-\frac{3}{4}=1\frac{5}{4}-\frac{3}{4}=1\frac{2}{4}$

자연수는 그대로 두기

분자끼리 빼기

방법 2 $2\frac{1}{4}-\frac{3}{4}=\frac{9}{4}-\frac{3}{4}=\frac{6}{4}=1\frac{2}{4}$

가분수로 나타내기

● □ 안에 알맞은 수를 써넣으세요.

1 $4\frac{2}{5}-\frac{1}{5}=4\boxed{\frac{1}{5}}$

2 $3\frac{1}{6}-\frac{5}{6}=2\frac{\boxed{7}}{6}-\frac{5}{6}$
$\quad =2\frac{\boxed{2}}{6}$

3 $5\frac{2}{7}-\frac{6}{7}=4\frac{\boxed{9}}{7}-\frac{6}{7}$
$\quad =4\frac{\boxed{3}}{7}$

4 $7\frac{3}{8}-\frac{1}{8}=7\frac{\boxed{2}}{8}$

5 $6\frac{4}{9}-\frac{5}{9}=5\frac{\boxed{13}}{9}-\frac{5}{9}$
$\quad =5\frac{\boxed{8}}{9}$

6 $2\frac{1}{10}-\frac{4}{10}=1\frac{\boxed{11}}{10}-\frac{4}{10}$
$\quad =1\frac{\boxed{7}}{10}$

7 $4\frac{7}{13}-\frac{11}{13}=\frac{\boxed{59}}{13}-\frac{11}{13}$
$\quad =\frac{\boxed{48}}{13}=3\frac{\boxed{9}}{13}$

8 $6\frac{7}{16}-\frac{10}{16}=\frac{\boxed{103}}{16}-\frac{10}{16}$
$\quad =\frac{\boxed{93}}{16}=5\frac{\boxed{13}}{16}$

9 $3\frac{1}{18}-\frac{14}{18}=\frac{\boxed{55}}{18}-\frac{14}{18}$
$\quad =\frac{\boxed{41}}{18}=2\frac{\boxed{5}}{18}$

10 $7\frac{3}{20}-\frac{12}{20}=\frac{\boxed{143}}{20}-\frac{12}{20}$
$\quad =\frac{\boxed{131}}{20}$
$\quad =6\frac{\boxed{11}}{20}$

11 $4\frac{7}{23}-\frac{22}{23}=\frac{\boxed{99}}{23}-\frac{22}{23}$
$\quad =\frac{\boxed{77}}{23}=3\frac{\boxed{8}}{23}$

12 $2\frac{1}{27}-\frac{5}{27}=\frac{\boxed{55}}{27}-\frac{5}{27}$
$\quad =\frac{\boxed{50}}{27}=1\frac{\boxed{23}}{27}$

13 $5\frac{6}{31}-\frac{30}{31}=\frac{\boxed{161}}{31}-\frac{30}{31}$
$\quad =\frac{\boxed{131}}{31}=4\frac{\boxed{7}}{31}$

14 $4\frac{13}{36}-\frac{30}{36}=\frac{\boxed{121}}{36}-\frac{30}{36}$
$\quad =\frac{\boxed{91}}{36}$
$\quad =2\frac{\boxed{19}}{36}$

3

● 계산해 보세요.

15 $3\frac{1}{3}-\frac{2}{3}=2\frac{2}{3}\left(=\frac{8}{3}\right)$

16 $5\frac{2}{4}-\frac{1}{4}=5\frac{1}{4}$

17 $7\frac{3}{5}-\frac{4}{5}=6\frac{4}{5}\left(=\frac{34}{5}\right)$

18 $4\frac{1}{6}-\frac{2}{6}=3\frac{5}{6}\left(=\frac{23}{6}\right)$

19 $2\frac{4}{7}-\frac{2}{7}=2\frac{2}{7}$

20 $5\frac{4}{8}-\frac{7}{8}=4\frac{5}{8}\left(=\frac{37}{8}\right)$

21 $8\frac{3}{9}-\frac{5}{9}=7\frac{7}{9}\left(=\frac{70}{9}\right)$

22 $4\frac{9}{11}-\frac{7}{11}=4\frac{2}{11}$

23 $6\frac{4}{12}-\frac{9}{12}=5\frac{7}{12}\left(=\frac{67}{12}\right)$

24 $5\frac{3}{14}-\frac{12}{14}=4\frac{5}{14}\left(=\frac{61}{14}\right)$

25 $3\frac{11}{15}-\frac{13}{15}=2\frac{13}{15}\left(=\frac{43}{15}\right)$

26 $7\frac{6}{17}-\frac{13}{17}=6\frac{10}{17}\left(=\frac{112}{17}\right)$

27 $2\frac{10}{19}-\frac{16}{19}=1\frac{13}{19}\left(=\frac{32}{19}\right)$

28 $4\frac{16}{21}-\frac{20}{21}=3\frac{17}{21}\left(=\frac{80}{21}\right)$

29 $6\frac{15}{22}-\frac{8}{22}=6\frac{7}{22}$

30 $5\frac{9}{24}-\frac{20}{24}=4\frac{13}{24}\left(=\frac{109}{24}\right)$

31 $7\frac{7}{25}-\frac{21}{25}=6\frac{11}{25}\left(=\frac{161}{25}\right)$

32 $5\frac{12}{26}-\frac{19}{26}=4\frac{19}{26}\left(=\frac{123}{26}\right)$

33 $3\frac{25}{28}-\frac{20}{28}=3\frac{5}{28}$

34 $4\frac{2}{29}-\frac{5}{29}=3\frac{26}{29}\left(=\frac{113}{29}\right)$

35 $2\frac{6}{30}-\frac{13}{30}=1\frac{23}{30}\left(=\frac{53}{30}\right)$

36 $6\frac{9}{32}-\frac{4}{32}=6\frac{5}{32}$

37 $8\frac{14}{35}-\frac{22}{35}=7\frac{27}{35}\left(=\frac{272}{35}\right)$

38 $7\frac{19}{40}-\frac{22}{40}=6\frac{37}{40}\left(=\frac{277}{40}\right)$

3

DAY 23 (대분수)-(대분수)
: 진분수끼리 뺄 수 없는 경우

이렇게 해요

$3\frac{2}{5}-1\frac{4}{5}$의 계산

방법 ❶ $3\frac{2}{5}-1\frac{4}{5}=2\frac{7}{5}-1\frac{4}{5}=1\frac{3}{5}$

자연수에서 1만큼을 가분수로 나타내기 / 분수끼리 빼기 / 자연수끼리 빼기

방법 ❷ $3\frac{2}{5}-1\frac{4}{5}=\frac{17}{5}-\frac{9}{5}=\frac{8}{5}=1\frac{3}{5}$

(가분수)-(가분수)로 바꾸기

●□ 안에 알맞은 수를 써넣으세요.

1 $3\frac{1}{3}-1\frac{2}{3}=2\frac{\boxed{4}}{3}-1\frac{2}{3}$
$=1\frac{\boxed{2}}{3}$

2 $5\frac{1}{4}-2\frac{2}{4}=4\frac{\boxed{5}}{4}-2\frac{2}{4}$
$=2\frac{\boxed{3}}{4}$

3 $4\frac{1}{6}-2\frac{2}{6}=3\frac{\boxed{7}}{6}-2\frac{2}{6}$
$=1\frac{\boxed{5}}{6}$

4 $2\frac{1}{7}-1\frac{5}{7}=1\frac{\boxed{8}}{7}-1\frac{5}{7}$
$=\frac{\boxed{3}}{7}$

5 $5\frac{1}{8}-1\frac{5}{8}=4\frac{\boxed{9}}{8}-1\frac{5}{8}$
$=3\frac{\boxed{4}}{8}$

6 $3\frac{4}{9}-1\frac{5}{9}=2\frac{\boxed{13}}{9}-1\frac{5}{9}$
$=1\frac{\boxed{8}}{9}$

7 $4\frac{8}{15}-3\frac{12}{15}=\frac{\boxed{68}}{15}-\frac{\boxed{57}}{15}$
$=\frac{\boxed{11}}{15}$

8 $6\frac{4}{17}-2\frac{11}{17}$
$=\frac{\boxed{106}}{17}-\frac{\boxed{45}}{17}$
$=\frac{\boxed{61}}{17}=3\frac{\boxed{10}}{17}$

9 $5\frac{1}{19}-1\frac{4}{19}$
$=\frac{\boxed{96}}{19}-\frac{\boxed{23}}{19}$
$=\frac{\boxed{73}}{19}=3\frac{\boxed{16}}{19}$

10 $3\frac{7}{22}-1\frac{10}{22}$
$=\frac{\boxed{73}}{22}-\frac{\boxed{32}}{22}$
$=\frac{\boxed{41}}{22}=1\frac{\boxed{19}}{22}$

11 $2\frac{5}{26}-1\frac{20}{26}=\frac{\boxed{57}}{26}-\frac{\boxed{46}}{26}$
$=\frac{\boxed{11}}{26}$

12 $7\frac{13}{28}-3\frac{24}{28}$
$=\frac{\boxed{209}}{28}-\frac{\boxed{108}}{28}$
$=\frac{\boxed{101}}{28}=3\frac{\boxed{17}}{28}$

13 $4\frac{6}{35}-1\frac{19}{35}$
$=\frac{\boxed{146}}{35}-\frac{\boxed{54}}{35}$
$=\frac{\boxed{92}}{35}=2\frac{\boxed{22}}{35}$

14 $5\frac{14}{37}-3\frac{30}{37}$
$=\frac{\boxed{199}}{37}-\frac{\boxed{141}}{37}$
$=\frac{\boxed{58}}{37}=1\frac{\boxed{21}}{37}$

3

●계산해 보세요.

15 $2\frac{1}{4}-1\frac{3}{4}=\frac{\boxed{2}}{4}$

16 $4\frac{3}{5}-2\frac{4}{5}=1\frac{\boxed{4}}{5}\left(=\frac{\boxed{9}}{5}\right)$

17 $7\frac{3}{6}-3\frac{4}{6}=3\frac{\boxed{5}}{6}\left(=\frac{\boxed{23}}{6}\right)$

18 $5\frac{4}{7}-2\frac{5}{7}=2\frac{\boxed{6}}{7}\left(=\frac{\boxed{20}}{7}\right)$

19 $3\frac{1}{8}-1\frac{6}{8}=1\frac{\boxed{3}}{8}\left(=\frac{\boxed{11}}{8}\right)$

20 $6\frac{2}{9}-4\frac{7}{9}=1\frac{\boxed{4}}{9}\left(=\frac{\boxed{13}}{9}\right)$

21 $4\frac{5}{10}-2\frac{8}{10}=1\frac{\boxed{7}}{10}\left(=\frac{\boxed{17}}{10}\right)$

22 $5\frac{4}{11}-3\frac{6}{11}=1\frac{\boxed{9}}{11}\left(=\frac{\boxed{20}}{11}\right)$

23 $7\frac{8}{13}-1\frac{11}{13}=5\frac{\boxed{10}}{13}\left(=\frac{\boxed{75}}{13}\right)$

24 $3\frac{2}{14}-1\frac{11}{14}=1\frac{\boxed{5}}{14}\left(=\frac{\boxed{19}}{14}\right)$

25 $6\frac{1}{16}-2\frac{4}{16}=3\frac{\boxed{13}}{16}\left(=\frac{\boxed{61}}{16}\right)$

26 $5\frac{10}{17}-1\frac{15}{17}=3\frac{\boxed{12}}{17}\left(=\frac{\boxed{63}}{17}\right)$

27 $3\frac{4}{18}-2\frac{11}{18}=\frac{\boxed{11}}{18}$

28 $4\frac{1}{20}-2\frac{14}{20}=1\frac{\boxed{7}}{20}\left(=\frac{\boxed{27}}{20}\right)$

29 $7\frac{13}{21}-4\frac{18}{21}=2\frac{\boxed{16}}{21}\left(=\frac{\boxed{58}}{21}\right)$

30 $3\frac{11}{23}-1\frac{16}{23}=1\frac{\boxed{18}}{23}\left(=\frac{\boxed{41}}{23}\right)$

31 $5\frac{6}{25}-2\frac{13}{25}=2\frac{\boxed{18}}{25}\left(=\frac{\boxed{68}}{25}\right)$

32 $8\frac{19}{28}-2\frac{22}{28}=5\frac{\boxed{25}}{28}\left(=\frac{\boxed{165}}{28}\right)$

33 $6\frac{6}{29}-3\frac{13}{29}=2\frac{\boxed{22}}{29}\left(=\frac{\boxed{80}}{29}\right)$

34 $4\frac{9}{30}-1\frac{26}{30}=2\frac{\boxed{13}}{30}\left(=\frac{\boxed{73}}{30}\right)$

35 $5\frac{17}{32}-1\frac{30}{32}=3\frac{\boxed{19}}{32}\left(=\frac{\boxed{115}}{32}\right)$

36 $2\frac{4}{33}-1\frac{8}{33}=\frac{\boxed{29}}{33}$

37 $7\frac{11}{36}-3\frac{18}{36}=3\frac{\boxed{29}}{36}\left(=\frac{\boxed{137}}{36}\right)$

38 $3\frac{13}{40}-1\frac{26}{40}=1\frac{\boxed{27}}{40}\left(=\frac{\boxed{67}}{40}\right)$

3

DAY 24 (대분수)-(가분수)

어떻게 계산해요

$3\frac{2}{6}-\frac{9}{6}$의 계산

자연수에서 1만큼을 가분수로 나타내기

방법 1 $3\frac{2}{6}-\frac{9}{6}=3\frac{2}{6}-1\frac{3}{6}=2\frac{8}{6}-1\frac{3}{6}=1\frac{5}{6}$

대분수로 나타내기

분자끼리 빼기

방법 2 $3\frac{2}{6}-\frac{9}{6}=\frac{20}{6}-\frac{9}{6}=\frac{11}{6}=1\frac{5}{6}$

가분수로 나타내기

● □ 안에 알맞은 수를 써넣으세요.

1 $3\frac{2}{3}-\frac{4}{3}=3\frac{2}{3}-1\boxed{\frac{1}{3}}$
  $=2\boxed{\frac{1}{3}}$

2 $2\frac{3}{5}-\frac{9}{5}=2\frac{3}{5}-1\boxed{\frac{4}{5}}$
  $=1\boxed{\frac{8}{5}}-1\boxed{\frac{4}{5}}$
  $=\boxed{\frac{4}{5}}$

3 $5\frac{5}{6}-\frac{9}{6}=5\frac{5}{6}-1\boxed{\frac{3}{6}}$
  $=4\boxed{\frac{2}{6}}$

4 $6\frac{3}{7}-\frac{11}{7}=6\frac{3}{7}-1\boxed{\frac{4}{7}}$
  $=5\boxed{\frac{10}{7}}-1\boxed{\frac{4}{7}}$
  $=4\boxed{\frac{6}{7}}$

5 $7\frac{3}{10}-\frac{14}{10}=\boxed{\frac{73}{10}}-\frac{14}{10}$
  $=\boxed{\frac{59}{10}}=5\boxed{\frac{9}{10}}$

6 $6\frac{9}{16}-\frac{30}{16}=\boxed{\frac{105}{16}}-\frac{30}{16}$
  $=\boxed{\frac{75}{16}}=4\boxed{\frac{11}{16}}$

7 $3\frac{4}{19}-\frac{25}{19}=\boxed{\frac{61}{19}}-\frac{25}{19}$
  $=\boxed{\frac{36}{19}}=1\boxed{\frac{17}{19}}$

8 $2\frac{5}{23}-\frac{30}{23}=\boxed{\frac{51}{23}}-\frac{30}{23}$
  $=\boxed{\frac{21}{23}}$

9 $2\frac{7}{25}-\frac{35}{25}=\boxed{\frac{57}{25}}-\frac{35}{25}$
  $=\boxed{\frac{22}{25}}$

10 $4\frac{1}{28}-\frac{32}{28}=\boxed{\frac{113}{28}}-\frac{32}{28}$
  $=\boxed{\frac{81}{28}}=2\boxed{\frac{25}{28}}$

11 $3\frac{7}{30}-\frac{44}{30}=\boxed{\frac{97}{30}}-\frac{44}{30}$
  $=\boxed{\frac{53}{30}}=1\boxed{\frac{23}{30}}$

12 $2\frac{16}{37}-\frac{55}{37}=\boxed{\frac{90}{37}}-\frac{55}{37}$
  $=\boxed{\frac{35}{37}}$

● 계산해 보세요.

13 $5\frac{1}{4}-\frac{7}{4}=3\frac{2}{4}\left(=\frac{14}{4}\right)$

14 $3\frac{1}{5}-\frac{8}{5}=1\frac{3}{5}\left(=\frac{8}{5}\right)$

15 $4\frac{2}{6}-\frac{9}{6}=2\frac{5}{6}\left(=\frac{17}{6}\right)$

16 $2\frac{6}{7}-\frac{10}{7}=1\frac{3}{7}\left(=\frac{10}{7}\right)$

17 $4\frac{1}{8}-\frac{10}{8}=2\frac{7}{8}\left(=\frac{23}{8}\right)$

18 $6\frac{4}{9}-\frac{15}{9}=4\frac{7}{9}\left(=\frac{43}{9}\right)$

19 $7\frac{3}{10}-\frac{17}{10}=5\frac{6}{10}\left(=\frac{56}{10}\right)$

20 $5\frac{9}{11}-\frac{15}{11}=4\frac{5}{11}\left(=\frac{49}{11}\right)$

21 $4\frac{3}{14}-\frac{18}{14}=2\frac{13}{14}\left(=\frac{41}{14}\right)$

22 $2\frac{7}{15}-\frac{23}{15}=\frac{14}{15}$

23 $3\frac{12}{17}-\frac{22}{17}=2\frac{7}{17}\left(=\frac{41}{17}\right)$

24 $6\frac{4}{18}-\frac{27}{18}=4\frac{13}{18}\left(=\frac{85}{18}\right)$

25 $5\frac{13}{20}-\frac{26}{20}=4\frac{7}{20}\left(=\frac{87}{20}\right)$

26 $3\frac{5}{21}-\frac{30}{21}=1\frac{17}{21}\left(=\frac{38}{21}\right)$

27 $4\frac{7}{22}-\frac{32}{22}=2\frac{19}{22}\left(=\frac{63}{22}\right)$

28 $7\frac{8}{24}-\frac{43}{24}=5\frac{13}{24}\left(=\frac{133}{24}\right)$

29 $6\frac{5}{26}-\frac{36}{26}=4\frac{21}{26}\left(=\frac{125}{26}\right)$

30 $2\frac{5}{27}-\frac{29}{27}=1\frac{3}{27}\left(=\frac{30}{27}\right)$

31 $3\frac{6}{29}-\frac{40}{29}=1\frac{24}{29}\left(=\frac{53}{29}\right)$

32 $5\frac{8}{31}-\frac{45}{31}=3\frac{25}{31}\left(=\frac{118}{31}\right)$

33 $4\frac{11}{32}-\frac{54}{32}=2\frac{21}{32}\left(=\frac{85}{32}\right)$

34 $8\frac{23}{35}-\frac{44}{35}=7\frac{14}{35}\left(=\frac{259}{35}\right)$

35 $3\frac{7}{36}-\frac{50}{36}=1\frac{29}{36}\left(=\frac{65}{36}\right)$

36 $2\frac{9}{40}-\frac{60}{40}=\frac{29}{40}$

25 평가

● 계산해 보세요.

1 $\frac{4}{5}-\frac{1}{5}=\frac{3}{5}$

7 $3\frac{4}{13}-1\frac{2}{13}=2\frac{2}{13}$

13 $4\frac{7}{22}-1\frac{16}{22}=2\frac{13}{22}\left(=\frac{57}{22}\right)$

19 $\frac{17}{32}-\frac{4}{32}=\frac{13}{32}$

2 $2-\frac{11}{6}=\frac{1}{6}$

8 $2\frac{7}{15}-\frac{14}{15}=1\frac{8}{15}\left(=\frac{23}{15}\right)$

14 $3-\frac{7}{24}=2\frac{17}{24}\left(=\frac{65}{24}\right)$

20 $2\frac{18}{33}-\frac{15}{33}=2\frac{3}{33}$

3 $4\frac{2}{7}-1\frac{5}{7}=2\frac{4}{7}\left(=\frac{18}{7}\right)$

9 $\frac{15}{16}-\frac{12}{16}=\frac{3}{16}$

15 $1-\frac{4}{25}=\frac{21}{25}$

21 $3\frac{9}{35}-2\frac{6}{35}=1\frac{3}{35}$

4 $1-\frac{5}{8}=\frac{3}{8}$

10 $6\frac{5}{18}-\frac{30}{18}=4\frac{11}{18}\left(=\frac{83}{18}\right)$

16 $4\frac{1}{27}-\frac{32}{27}=2\frac{23}{27}\left(=\frac{77}{27}\right)$

22 $1-\frac{11}{36}=\frac{25}{36}$

5 $5\frac{4}{9}-\frac{8}{9}=4\frac{5}{9}\left(=\frac{41}{9}\right)$

11 $3-1\frac{4}{19}=1\frac{15}{19}\left(=\frac{34}{19}\right)$

17 $5-2\frac{25}{28}=2\frac{3}{28}\left(=\frac{59}{28}\right)$

23 $6-\frac{30}{37}=5\frac{7}{37}\left(=\frac{192}{37}\right)$

6 $4-\frac{8}{11}=3\frac{3}{11}\left(=\frac{36}{11}\right)$

12 $5\frac{6}{21}-4\frac{4}{21}=1\frac{2}{21}$

18 $7-\frac{37}{30}=5\frac{23}{30}\left(=\frac{173}{30}\right)$

24 $5\frac{7}{38}-2\frac{10}{38}=2\frac{35}{38}\left(=\frac{111}{38}\right)$

숨은그림찾기

숨은 그림 8개를 찾아보세요.

MEMO

MEMO

MEMO